U0383707

桩与桩帽的
应用研究与策略

王　勇　周立运　陈建斌　周　峰　编著

WUHAN UNIVERSITY PRESS
武汉大学出版社

图书在版编目(CIP)数据

桩与桩帽的应用研究与策略/王勇等编著 . —武汉:武汉大学出版社,
2019.12

ISBN 978-7-307-21233-6

Ⅰ.桩… Ⅱ.王… Ⅲ. 试桩 Ⅳ.TU473.1

中国版本图书馆 CIP 数据核字(2019)第 245392 号

责任编辑:杨晓露　　责任校对:汪欣怡　　整体设计:韩闻锦

出版发行:**武汉大学出版社**　(430072　武昌　珞珈山)

(电子邮箱:cbs22@ whu.edu.cn 网址:www.wdp.com.cn)

印刷:北京虎彩文化传播有限公司

开本:787×1092　1/16　印张:12.25　字数:276 千字　　插页:1

版次:2019 年 12 月第 1 版　　2019 年 12 月第 1 次印刷

ISBN 978-7-307-21233-6　　定价:39. 00 元

前　言

从 1984 年开始，本书作者就着手研究桩基和桩帽的问题，至今已有 30 多年。在此期间，我们先后参加了几十余个工程的桩基施工和桩的检测试验，获得了几十万个数据，其中记录示波纸近 100 卷，记录磁带 52 盘，数据记录本 30 余本，从中总结出一些有规律的新认识。为推陈出新，我们决定撰写此书供读者参考使用。

本书的题材大部分取自我们所完成的实际工程项目，其中包括：武汉外贸码头大直径钢管桩的打桩动测试验和静力压载试验，武汉红钢城多用途码头大直径预应力混凝土管桩的动测试验、静力压载试验和拔桩试验，湖北省枝城煤炭专用码头大直径柔性靠船桩的水平承载力试验，厦门嘉益大厦可控刚度桩筏基础；除此以外，还有碟簧桩帽研制过程中的系列模型试验和复杂地基基桩刚度可调节装置的研制及设计等内容，均分章予以介绍。本书内容反映了土工桩基工程领域近些年来的研究新进展，其特点是贴近工程实际，解决问题方法独特。本书可供土木建筑工程类专业学生、教师和工程技术人员阅读，也可以作为科学试验的参考用书。

全书共分 9 章，第 1 章主要介绍新型组合式碟簧桩帽的研制及其动力沉桩辅助工法；第 2 章至第 5 章主要介绍常用的 4 种桩型的制作和沉桩施工及试桩，包括钢管桩、预应力混凝土管桩、水泥搅拌桩和异形桩；第 6 章主要介绍新型可控刚度桩筏基础的设计与应用；第 7 章主要介绍桩的检验动测技术；第 8 章主要介绍原位单桩的承载力试验；第 9 章主要介绍经常能用到的基桩模型试验原理与方法。各章节叙述紧凑、内容新颖，为方便读者理解和应用，在各章均设有试验实例或工程实例；此外，还开辟了"应用策略"专栏，此专栏内容是我们桩与桩帽问题研究的深刻体会，是全书的精髓，同时也是诚恳的忠告与建议，对工程技术人员有所裨益。

由于我们的水平和条件所限，在撰写过程中难免挂一漏万，错误与不足之处，敬请读者不吝赐教，并给予指正。

编者

2019 年 10 月

对于本书中的疑问或意见，读者可通过以下电子邮箱联系我们：

周立运　武汉大学土木建筑工程学院　　　　E-Mail：Lyzhou4806@hotmail.com

王　勇　中国科学院武汉岩土力学研究所　　E-Mail：wang831yong@163.com

陈建斌　武汉市政工程设计研究院有限公司　E-Mail：clj2b3@tom.com

周　峰　南京工业大学土木建筑工程学院　　E-Mail：616435065@qq.com

目　　录

第1章 碟簧桩帽辅助动力沉桩工法

1.1 概　　述

在打桩工程中，通常采用不同材料作为垫层来保护桩和锤。目前国内采用的垫层材料有硬木、杂木板、旧水泥袋，或用白棕绳、麻绳、旧钢丝绳等盘圆而成，有的也采用白石棉、松木。国外采用的垫层有木材、石棉制品、酚醛层压树脂、合成纤维等。

为了便于施工，通常将上述垫层材料置于钢制的圆筒内，形成桩帽（俗称替打），它的外形和结构如图1-1所示。它是沉桩工程中很重要的辅助设备，在打桩初期，可以减小锤击应力，也能避免桩和锤的损坏，但在后期，随着锤击次数的增加，材料被打硬砸实，以致烧焦炭化变硬，弹性性能降低，导致桩身和桩头的破坏，使得损桩率居高不下，严重影响工程质量。为此，国内外有许多学者曾致力于这方面的研究。

20世纪七八十年代，瑞典乌普萨拉大学技术研究所在 H. C. Fischer 教授的领导下，首先研制出预应力碟形弹簧桩帽，这种碟簧桩帽有两种规格，一种是150型，适用于桩的承载力不超过2000kN；另一种是300型，适用于桩的承载力为2000~3500kN。一般用于4t以下的自落锤，落锤高不超过0.8m，预压力最高达1200kN，冲击频率一般在10次/分左右。该两种类型桩帽主要是由40个标准碟簧组成（五并八串的组合方式）的复合碟簧堆，整机结构复杂，端盖的外径为425mm，不计进桩部件，整机高度为0.975m。

我国最早研制碟簧桩帽的是四川省建筑科学研究所地基室，该单位研制过适用于3.5t自落锤，落锤高为1m的碟簧桩帽。碟簧外径为290mm，后因故课题研究中断。其后，1986年下半年，交通部三航局科研所开始研制大型碟簧桩帽（DH-8000型）。DH-8000型碟簧桩帽适用于锤芯重7~8t柴油锤，最大落高2.5m，冲击频率40~60次/分，最大锤击力为8000kN，它主要由8组新型碟簧复合而成（碟簧外径为650mm，因无现有国标碟簧，故需专门冶炼制造）。碟簧桩帽顶盖外径为1130mm，整机高度达2.966m，不计进桩部件，整机重量为12.5t。

随着我国的改革开放，工程建设事业蓬勃发展，如港口码头、桥梁、高层建筑、海洋石油平台及核电站等工程，大量采用桩基础。为了减少基础沉降和建筑物的不均匀沉降，特别是港口向深水泊位方向发展，往往采用长桩（如直径1.3m，长60m的钢管桩，钢筋混凝土方桩及直径1m、长44m的预应力钢筋混凝土大管桩），它可将上部结构的荷载传送到深层稳定的地基中去，从而提高桩基的承载力。不过，这样却使沉桩工

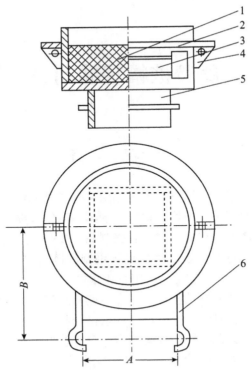

1—缓冲材料；2—加强筋；3—替打主体；4—吊耳；5—导桩帽；6—导向板

图 1-1　替打的外形和结构

程难度加大。若仍用常规桩帽来沉桩，将使桩头严重损坏，甚至还会发生断桩事故。为此，1987 年编者受委托也开始研制碟簧桩帽，该桩帽命名为大型预应力双向组合式碟簧桩帽，其结构形式详见 1.2 节中的图 1-2。该桩帽适用于锤芯重 7~8t 的柴油锤，最大落高 2.5m，冲击频率 40~60 次/分，最大锤击力为 7200kN。它主要由 16 片直径为 420mm 的碟簧堆组合而成，缸体的内径为 1040mm，整机高度为 1.4m，整机重量为 3.5t，广泛适合于各类方桩和管桩（包括大直径预应力钢筋混凝土管桩）。

　　该桩帽采用机油润滑，缸内外大气相通，不易磨损，具有良好的降温散热功能。其结构形式适用于各类打桩机。由于双向组合式碟簧桩帽结构简单，稳定性好，造价低，适合于推广应用。

1.2　碟簧桩帽的结构形式和设计要点

1.2.1　碟簧桩帽的结构形式

瑞典研制的碟簧桩帽和上海三航局科研所研制的碟簧桩帽都是采用以串联为主的复

合碟簧竖向堆积而成，这种单向组合碟片叠合片数多，磨损厉害，温升较高，特别是整机高度也较高，不仅直接影响沉桩高度，而且本身稳定性也较差。

本书作者设计的碟簧桩帽不仅保留了竖向并串组合，而且增加了水平向的并串组合，这种双向组合的方式能够克服上述缺点，并且只要国标规格的碟簧就能制造出大型碟簧桩帽，其结构形式如图1-2所示。

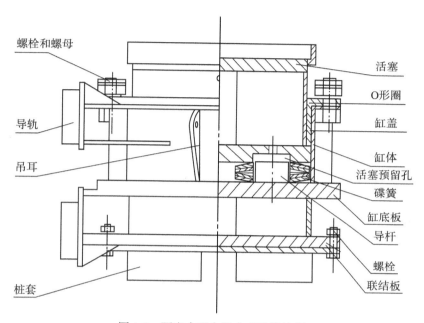

图1-2 预应力双向组合式碟簧桩帽

预应力双向组合式碟簧桩帽主要由缸体、缸盖、活塞、导轨、桩套、导杆、碟形弹簧以及连接件所构成，缸体和缸盖均是圆柱形，导杆视承载力的大小设置，碟簧套在导杆上，活塞又平放在碟簧上，并直接承受锤击力。缸体外设吊耳，缸盖和活塞之间设置O形圈，供密封和挡灰尘。由于活塞内部结构设计巧妙，它不仅能够均匀受力，而且能使缸体内外大气相通，机油自动上下循环流动，具有较好的散热降温作用。

1.2.2 大型预应力双向组合式碟簧桩帽的设计要点

碟簧桩帽的主要设计要点如下：

（1）根据桩的承载力，进行刚度优化计算，确定最佳组合刚度（详见1.5节）。

（2）根据最佳组合刚度，选择国标规格的碟簧。

（3）选择组合型式，确定平面组合的组数，一般选3组或4组为佳。

（4）确定缸体内径和导杆的中心坐标位置。

（5）确定缸体厚度，当给碟簧堆施加预压力时，缸体却承受预拉力，其预（拉）应力 σ 应满足强度要求，即

3

$$\sigma = \frac{F}{A} \le [\sigma] \tag{1-1}$$

式中：F——总预压力；

    A——缸体横截面面积。

（6）活塞为非实体结构，直接承受锤击力，必须满足强度要求，并采用 16Mn 钢制造。

（7）导杆不承受锤击力，主要用于碟簧的导向作用，其表面硬度应高于碟簧硬度，故选用 45 号钢制造。

（8）螺栓主要承受轴向拉力，必须满足强度要求，其拉应力 σ 应小于容许应力 $[\sigma]$，即

$$\sigma = \frac{F}{A} \le [\sigma] \tag{1-2}$$

式中：F——总预压力；

    A——螺栓总截面面积。

（9）桩帽安装好后，在螺栓上部钻孔，安装止退插销，并通过预留孔添加机油，用于润滑和降温，油的深度为碟簧堆高度的 80%。

（10）其他构件均采用普通 3 号钢制造，其制造精度等技术要求应符合机械设计有关规范。

1.3   碟形弹簧的组合型式

碟形弹簧是机械工程中常用的机械零件。由于单片弹簧的变形、刚度和负荷不能满足沉桩要求，因此必须采用组合型式。本节主要介绍国标规格的碟簧系统和有关参数。

1.3.1   碟簧的型式

碟簧的一般型式如图 1-3、图 1-4 所示。

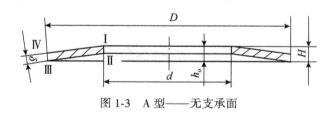

图 1-3   A 型——无支承面

1.3.2   碟簧的尺寸、参数及代号

表 1-1 列出了碟簧的主要尺寸、参数和符号含义。

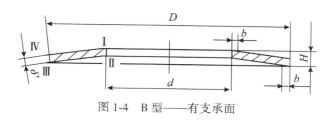

图 1-4 B 型——有支承面

表 1-1 碟簧的主要尺寸、参数和符号含义

尺寸、参数名称	符号	单 位
碟簧外径	D	
碟簧内径	d	
碟簧厚度	δ	
减薄碟簧厚度	δ'	
A 型碟簧的极限行程	h_0	
碟簧自由高度	H	mm
支承面宽度	B	
碟簧变形量	F	
碟簧的负荷	P	
碟簧在 $f=0.75h_0$ 时的负荷	$P_f = 0.75\,h_0$	kN
碟簧在 Ⅱ、Ⅲ 点处的计算应力	$\sigma_{Ⅱ}$、$\sigma_{Ⅲ}$	kN/mm²

注：以上均指单个碟簧。

1.3.3 碟簧组合型式

1. 叠合组合碟簧

叠合组合碟簧由 n 个同方向同规格的一组碟簧组成（见图 1-5），在不计摩擦力时：

$$P_Z = nP \tag{1-3a}$$

$$F_Z = f \tag{1-3b}$$

$$H_Z = H + (n-1)\delta \tag{1-3c}$$

2. 对合组合碟簧

对合组合碟簧由 i 个相向同规格的一组碟簧组成（见图 1-6），在不计摩擦力时：

$$P_Z = P \tag{1-4a}$$

$$F_Z = if \tag{1-4b}$$

$$H_Z = iH \tag{1-4c}$$

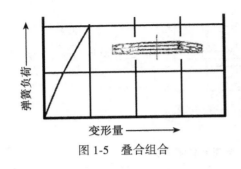

图 1-5　叠合组合

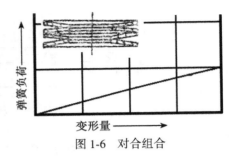

图 1-6　对合组合

3. 复合组合碟簧

复合组合碟簧由叠合与对合碟簧复合组成（见图 1-7），在不计摩擦力时：

$$P_z = nP \tag{1-5a}$$

$$F_z = f \tag{1-5b}$$

$$H_z = i[H + (n-1)\delta] \tag{1-5c}$$

4. 其他组合碟簧

为获得特殊的特性曲线，还可以由不同厚度碟簧组成组合碟簧（见图 1-8）或由尺寸相同但各组片数逐渐增加的碟簧组成组合碟簧（见图 1-9），或其他型式的组合。

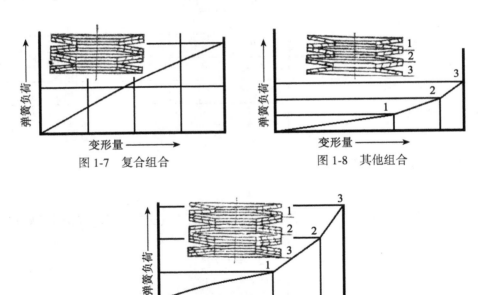

图 1-7　复合组合　　　　　　　　　图 1-8　其他组合

图 1-9　其他组合

5. 采用组合碟簧的主要注意事项

（1）必须考虑摩擦力。摩擦力的大小与表面质量和润滑情况有关，与叠合层数有关，一般每层加载时增大 2% 左右，卸载时则降低 2% 左右。为减少摩擦力的影响，导杆或导套必须淬硬和光滑，并有润滑。

（2）由于摩擦力的阻尼作用，叠合组合碟簧比理论计算增加了刚性，对合组合碟簧的各片变形量将依次递减。在冲击荷载下使用的组合碟簧，其外力的传递对各片变形量也将依次递减。所以组合碟簧的片数不宜用得过多。

（3）尽可能采用直径较大、片数较少的组合碟簧。

（4）对于图 1-9 两种组合碟簧，必须考虑对合部分 1、2 的许用应力或采取结构措施（如介于两者之间的衬环、导杆做成阶梯状），以避免变形量超过 $0.75\,h_0$。

1.4　碟簧桩帽的力学特点

1.4.1　碟簧桩帽的双线性特征

根据 1.3 节所介绍的碟簧桩帽的结构形式和特点，其各部分的刚度可简化为图 1-10 所示。从该图 1-10（a）可清楚地看出，碟簧桩帽的刚度（K^*）由壳体刚度（K_0）和碟簧组合刚度（K）两部分组成，壳体刚度（K_0）是通过壳体对碟簧堆施加预压力（P_F）而得到的，它在一个完整的桩帽内是很难改变的，但通过连接壳体的螺栓的数量及大小可在小范围内调整。而碟簧组合刚度（K）通过碟簧片的大小、数量、组合型式可在大范围内调整。如图 1-10（b）所示，当桩帽的负载小于预压力时，桩帽是硬的，这时 K_0 和 K 并联，即 $K^* = K_0 + K$，力与变形曲线沿直线 OA 变化；当负载大于预压力时，桩帽是软的，这时 $K_0 = 0$，即 $K^* = K$，力与变形曲线沿 AB 变化。这就是碟簧桩帽双线性特征原理。

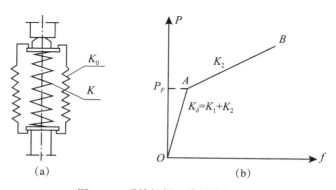

图 1-10　碟簧桩帽双线性特征原理

1.4.2　碟簧桩帽的锤击力波形

分别对松木、石棉板和碟形弹簧等桩帽在打桩作用下的锤击力波形进行试验对比，如图 1-11 所示。图中锤击力波形由同一力传感器所测得，桩、锤、落高以及地质条件完全相同。由图 1-11 可知，无桩帽时，锤击波具有明显尖峰，瞬时锤击力作用时间短，波形近似呈三角形；松木垫层的锤击波的波峰也较尖，作用时间短，一般在 3.3ms；石棉垫层的锤击波波幅小，作用时间延长，一般在 6ms；碟簧桩帽的锤击波平坦，近似呈梯形，作用时间一般在 10ms。换而言之，碟簧桩帽波形幅值最小，作用时间最长，石棉垫层次之，最差的是松木垫层。松木垫层虽能有限地使幅值减小，但作用时间太短，这是因为它只能耗能，而不能蓄能。这反映了松木垫层对桩身应力的改善甚微，而碟簧桩帽能使桩身应力大幅度减小，使压应力维持的时间延长，这是因为它能将锤击能量以弹性应变能的形式贮存起来，并在后来比较均匀地释放出来。这是碟簧桩帽所具有的独特的能量传播原理，这对打桩十分有利。

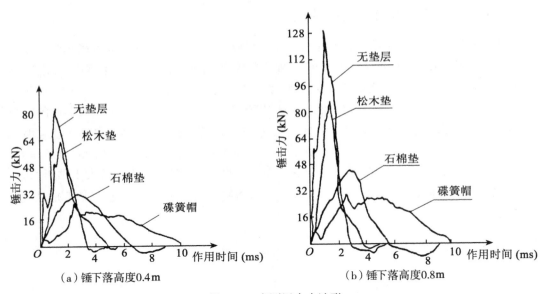

（a）锤下落高度0.4m　　　　（b）锤下落高度0.8m

图 1-11　实测锤击力波形

1.4.3　碟簧桩帽的温度测试

关于碟簧桩帽内的油温是人们所关心的问题，它涉及桩帽的使用寿命。试验采用自制的温度传感器测定油温，动荷载由 1500N 空气锤连续锤击，该空气锤的冲击能量为 2270N·m，锤击次数每分钟 120 次。当连续锤击 3000 次时，实测桩帽内油温为 55℃。工程中所用的打桩机锤击数每分钟为 40~50 次，锤击速度远小于空气锤。由于碟簧在承受锤击力时，碟簧之间产生摩擦而发热，此热能随着锤击次数和锤击速度的增加而增高，故在打桩机作用下的碟簧桩帽的油温不会超过 55℃。

1.5 碟簧桩帽的刚度匹配

在打桩工程中，各个工程的地质条件、桩型、桩长、桩锤都不一样。若在各种不同的复杂条件下，均使用同一组合型式的碟簧桩帽（即刚度不变），则势必在某些工程中应用效果不理想。当碟簧桩帽的组合刚度远大于桩的刚度时，则桩身应力过大，桩身和桩头被打破，当碟簧桩帽的组合刚度远小于桩的刚度时，则锤击能量损失过大，桩身贯入度过小。因此，欲使打桩效果好，则碟簧桩帽的组合刚度必须与桩的刚度合理匹配。

表 1-2 列出了各试桩的桩帽的组合型式和组合刚度。它们通过自落锤打入均匀的沙坑内，在各种试验条件相同的情况下，测定桩身应力和沉桩贯入度。

表 1-2   **各试桩的组合型式和组合刚度**

桩号	1	2	3	4	5	6
组合型式						松木替打
P_Z（kN）	48.8	48.8	97.6	146.4	292.8	
f_Z（mm）	6.6	3.3	3.3	3.3	1.65	
K（kN/m）	7.39×10^3	14.79×10^3	29.58×10^3	44.36×10^3	177.45×10^3	280×10^3
$K:K_桩$	0.041:1	0.083:1	0.166:1	0.249:1	0.996:1	1.572:1

注：试桩的刚度为 178×10^3kN/m。

图 1-12 和图 1-13 是试验的主要成果。它们表明：随着碟簧组合刚度的增加，桩顶压应力和沉桩贯入度也随着增加。当碟簧组合刚度增加到一定数值后，再继续增加组合刚度，不仅贯入度不会增加，而且桩顶应力还有所增加。这充分说明，无限地增加碟簧组合刚度是无用的，而应该与桩的刚度合理匹配。

试验还表明：1 号、2 号桩的应力小，贯入度值也偏小。6 号桩采用松木替打不仅贯入度小，而且桩顶应力超过允许应力（$\sigma = 25$MPa）。3 号、4 号、5 号桩的贯入度大，而且桩顶应力值远小于允许应力值。这三根桩的沉桩效果好，处于最佳工作状态，它们的刚度与桩的刚度比为（$0.166\sim0.966$）:1（见表 1-2）。有趣的是，5 号桩帽的刚度与桩的刚度接近，但由于碟簧采用复合组合型，片数多，摩擦力大，能量损失大；3 号、4 号桩帽的刚度远小于桩的刚度，而由于碟簧采用复合组合型式，有利于能量的贮存和释放。可见，欲使打桩效果最佳，则桩帽的组合刚度除了应小于或等于桩的刚度之外（满足上述刚度比），碟簧的组合型式还应取复合组合型式，且片数应少，二并二串最好（3 号桩帽的组合型式）。

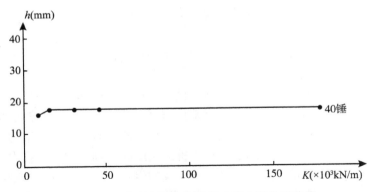

图 1-12　组合刚度 K 与沉桩贯入度 h 的关系曲线

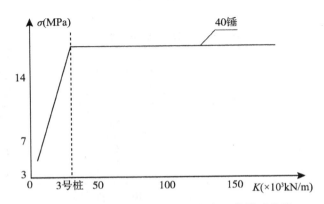

图 1-13　组合刚度 K 与桩顶压应力 σ 的关系曲线

1.6　碟簧桩帽的恢复系数

关于打桩垫层材料的恢复系数的研究，国内外的文献报道很多。美国得克萨斯农业与机械大学 L. L. Lowery 等人在研究中发现恢复系数从 0.2 增加到 0.6 时，传递给桩的能量将增加 18%~20%，而贯入度增大 6%~11%；并认为桩垫的恢复系数与其刚度相比，恢复系数对贯入速率和锤击能量的传递有更大的影响，由此可见，恢复系数对打桩的效果极其重要。

至于碟簧桩帽的恢复系数是多少，国内外的文献没有报道。本书编者率先研究了这个问题，其研究所得的恢复系数值是设计碟簧桩帽的一个重要依据。

在沉桩过程中，组合碟形弹簧受到反复加载与卸载，在材料内部阻尼作用下，应力与应变或受力与变形量之间的关系如图 1-14 所示。其恢复系数 e 的定义为碟簧变形时所耗能量与回弹恢复时所能重新释放能量的比值的平方根，即

$$e^2 = \frac{回弹输出能量}{变形时耗用能量} = \frac{\triangle BAC\ 的面积}{\triangle OAC\ 的面积} \qquad (1-6)$$

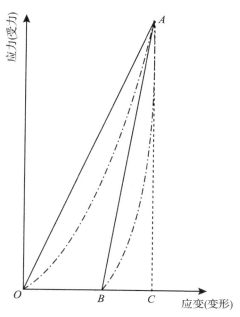

图 1-14　力与变形之间的关系

对于某种组合型式下的碟簧堆，通过试验可得出加卸载曲线，根据上述方法可计算出相应的恢复系数。

试验选用大小两种型式的碟形弹簧，先后分别循环加卸载。大型碟簧的参数为外径 $D=420mm$，内径 $d=233.2mm$，厚度 $\delta=24.6mm$，自由高度 $H=35.5mm$，极限行程 $h_0=10.9mm$；小型碟簧的参数为外径 $D=100mm$，内径 $d=50.8mm$，厚度 $\delta=6mm$，自由高度 $H=8.2mm$，极限行程 $h_0=2.2mm$。试验时，将预先组合好的碟簧堆平放在油压试验机上分级加载，大型碟簧每级加载 150kN，小型碟簧每级加载 5kN，并采用百分表量取轴向变形值。为了全面了解碟形弹簧的恢复系数，除了对单片碟簧进行加载试验之外，还对碟簧的不同组合方式进行了同样的加载试验。不同组合方式与恢复系数的关系见图 1-15。对全部试验数据进行整理计算，得出每组碟簧组合的恢复系数，其结果列入表 1-3。将恢复系数 e 与组合刚度 K 之间的关系绘于图 1-16。

表 1-3　　　　　　　　　　碟形弹簧的恢复系数试验值

序号	组合方式		组合刚度（kN/cm）	恢复系数	
				e_i	e
1		单片	310	0.9226 0.9059 0.9180	0.9155

续表

序号	组合方式		组合刚度（kN/cm）	恢复系数	
				e_i	e
2		二片对合	155	0.9172 0.9172 0.9168	0.9171
3		三片对合	103	0.9555 0.9522 0.9465	0.9514
4		四片对合	78	0.9567 0.9564 0.9559	0.9563
5		二片叠合	620	0.8563 0.8532 0.8562	0.8552
6		三片叠合	930	0.8163 0.8409 0.8454	0.8333
7		四片复合	310	0.9204 0.9139 0.9176	0.9173
8		六片复合	465	0.8708 0.8768 0.8684	0.8720
9		单片	1319	0.8896 0.8953 0.8958	0.8936
10		二片对合	660	0.9245 0.9216 0.9171	0.9211
11		三片对合	440	0.9429 0.9426 0.9407	0.9421
12		二片叠合	2638	0.8782 0.8718 0.8646	0.8715

注：　1~8 行为小型碟簧；9~12 行为大型碟簧。

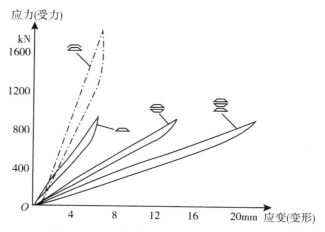

图 1-15 不同组合方式与恢复系数的关系

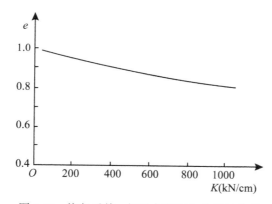

图 1-16 恢复系数 e 与组合刚度 K 之间的关系

依据表 1-3 和图 1-16 分析如下：

（1）单片碟簧的恢复系数 e 在 0.9 左右。

（2）随着碟簧对合片数（串联）的增加，其恢复系数 e 相应增大到 0.9 以上，而组合刚度相应成倍减小。

（3）随着碟簧叠合片数（并联）的增加，其恢复系数 e 相应减小到 0.9 以下，而组合刚度相应成倍增大（见序号 5、6 和 12）。

（4）碟片的摩擦阻力随碟簧堆组合方式和数量不同而变化，相反也会影响碟簧的恢复系数，且在叠合方式中阻力更大些。因而，采用复合型式可以在保证高的恢复系数的同时，提高组合弹簧刚度（见序号 4 和 7）。

（5）随着组合刚度 K 的增大，恢复系数 e 逐渐减小，e-K 曲线近似为直线。

（6）合理地选择碟簧组合方式，其最初恢复系数 e 能达到 0.9 以上。我国打桩工程中普遍采用直纹硬木、横纹松木和高压橡胶石棉板等垫层材料，在锤击初期恢复系数能达到 0.9；多次锤击会硬化垫层材料，恢复系数会降低到 0.5 以下。然而，组合碟簧在长期的锤击作用下，恢复系数基本保持不变，这对打桩极为有利。

1.7　碟簧桩帽沉桩机理

1.7.1　沉桩机理研究

图 1-17 为锤击贯入试验法理论模型，由图 1-17 可知，Δx 是桩体的总位移，它包括桩体的贯入度 e 和桩体的弹性位移 e'。若忽略弹性位移 e'，则 $\Delta x \approx e$。当把桩视为刚体时，则在锤击力 $P(t)$ 的作用下力的平衡条件为

$$P(t) = R(t) + M\ddot{x}(t) \tag{1-7a}$$
$$R(t) = R_b(t) + R_s(x, t) \tag{1-7b}$$

式中，$R(t)$ ——土对桩的贯入度总阻力；

　　　$R_b(t)$ ——桩端土阻力；

　　　$R_s(x, t)$ ——桩侧阻力；

　　　$\ddot{x}(t)$ ——桩体加速度。

（1）当 $P(t) > R(t) + M\ddot{x}(t)$ 时，则桩体产生位移，即 $\Delta x > 0$。此时锤击力做了有效功。

（2）当 $P(t) < R(t) + M\ddot{x}(t)$ 时，则桩体静止，即 $\Delta x = 0$。此时锤击力未做功。

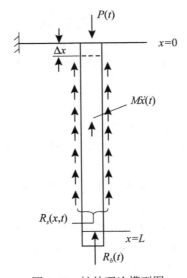

图 1-17　桩的理论模型图

锤击力做功与否，除了与锤击力的大小有关之外，还与锤击力的荷载形式和有效作用时间有关。图 1-18 为某现场沉桩试验实测的锤击力波形。

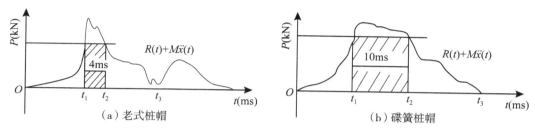

P—锤击力；$R(t) + M\ddot{x}(t)$ —贯入阻力

图 1-18 沉桩试验实测波形

如图 1-18 （a）、（b） 所示，在 $t_1 \sim t_2$ 之间，为有效作用时间，锤击力做了有效功，属于上述情况 （1）。在 $0 \sim t_1$ 和 $t_2 \sim t_3$ 之间，为无效作用时间，锤击力未做有效功，属于上述情况 （2）。

据此，总结得到：

（1） 碟簧桩帽的有效作用时间远大于老式替打；

（2） 矩形波（阴影部分）才使锤击力做有效功。

据结构动力学原理，冲击荷载产生的动力反应的大小依赖于荷载持续时间与结构振动周期的比。对于矩形脉冲，若 $t \geq \pi/2$，最大反应将在荷载作用期间内出现，此时动力放大系数 D 为 2；对于持续时间短的荷载，最大反应在自由振动期间出现，其动力放大系数 D 可通过位移反应谱查出。实测桩的竖向振动频率为 62Hz，则 $T = 0.016$s。

如图 1-18 （a），对于老式替打 $\dfrac{t}{T} = \dfrac{0.004}{0.016} = 0.25$，查得 $D_1 = 1.3$；

如图 1-18 （b），对于碟簧桩帽 $\dfrac{t}{T} = \dfrac{0.010}{0.016} = 0.625$，查得 $D_2 = 2$。

令桩体静位移为 x_{st}，则桩体的反应如下：

对于老式替打 $\Delta x_1 = 1.3 x_{st}$；

对于碟簧桩帽 $\Delta x_2 = 2 x_{st}$；

$$\frac{\Delta x_2}{\Delta x_1} = \frac{2 x_{st}}{1.3 x_{st}} = 1.54$$

显然，碟簧桩帽使桩体产生的动位移比老式替打增加 54%，即打桩贯入度约增加 50% 以上。

基于上述分析，获得更佳的打桩贯入度，则作用于桩顶的锤击力波形应该是矩形的。这种波形使用老式替打是不可能实现的，只有新型碟簧桩帽产生的锤击波才近似矩形波。为此，碟簧桩帽通过缸盖上的螺栓对碟簧施加预压力（相反，缸体则产生预拉应力）。如图 1-19 所示。

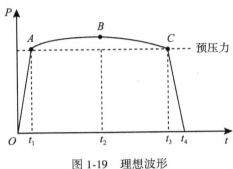

图 1-19　理想波形

当锤击力未超过预压力时，碟簧桩帽是硬的，力沿 OA 直线上升；当锤击力超过预压力时，螺栓暂不受力，碟簧桩帽是软的，力从 A 点平缓上升到最高点 B，此时，碟簧变形最大。当碟簧回弹时，力沿 B 点平缓下降到 C 点，此时，螺栓又重新受力，使力急剧下降到 t_4，形成一个矩形脉冲。通常，根据土质的软硬，碟簧桩帽可对预压力做适当调整，从而确保足够大的力将桩贯入土里。正是这种原理使锤击力峰值大幅度降低，有效作用时间延长；打桩效率提高，而形成良性循环的沉桩机理。

这里还须说明，对碟簧施加预压力的大小必须适当。预压力过大或过小，锤击力波形不能形成矩形，而且作用时间相对较短，幅值也较高。在设计碟簧桩帽时，建议预压力 $P_F = \left(\dfrac{1}{4} \sim \dfrac{1}{6}\right)P_z$，$P_z$ 为组合碟簧的总负荷。

1.7.2　锤击能量的传递

据图 1-19，可写成打击能量平衡式为

$$\eta wh = \left[R(t) + M\ddot{x}(t)\right]\Delta x \tag{1-8}$$

又据力平衡原理，可认为反力 $R(t) + M\ddot{x}(t)$ 近似等于轴向锤击力 P，又 $\Delta x \approx e$，则式（1-8）可改写为：

$$\eta wh = Pe \tag{1-9}$$

式中，w——锤重；

　　　　h——锤的落高；

　　　　η——效率系数，一般取 0.9。

显然，以上等式左边为锤击能量，右边为反力做的有效功。具体计算如下（为使计算结果不失一般性，对轴向锤击力和贯入度均取连续数锤的平均值）。

（1）因锤芯跳高除第一次有 250cm 之外，第二次及以后实测只有 210cm，则一次

锤击能量为 $\eta wh = 0.9 \times 72\text{kN} \times 210\text{cm} = 13608\text{kN} \cdot \text{cm}$。

（2）以 1 号桩为例，P 为 7000kN，e 为 0.58cm，则有效功为 $Pe = 7000\text{kN} \times 0.58\text{cm} = 4060\text{kN} \cdot \text{cm}$。有效功与锤击能量的比为 30%。同理，其他桩的计算结果也列入表 1-4。

表 1-4　　　　　　　　　　　　能量传递计算值

桩号	桩长（m）	桩尖标高（m）	后段锤击数（击）	平均贯入度 e（mm/击）	打入深度（m）	有效功（kN·cm）	有效功与锤击能量的比（%）	桩帽形式
1	40	−19.373	172	5.8	1.0	4060	30	老式替打
2	40	−19.551	84	11.9	1.0	8330	61	碟簧桩帽
3	44	−18.76	168	6.7	1.12	4690	35	老式替打
4	44	−22.49	236	16.7	3.95	11690	86	碟簧桩帽
5	44	−22.38	399	11.6	4.64	8120	60	碟簧桩帽
6	44	−22.33	142	15.14	2.15	10590	78	碟簧桩帽

注：1 号桩未打到设计标高。

据表 1-4 还知，碟簧桩帽能将 60%～86% 以上的锤击能量传递给桩，而传统的老式替打只能把 30%～35% 的锤击能量传递给桩。显然，老式替打的锤击能量损失太大。碟簧桩帽改进了锤击能量的传播方式，能够使更多的锤击能量向桩传递，从而增加打桩贯入度。

1.8　碟簧桩帽的参数选择

1.8.1　碟簧桩帽组合型式、组合刚度和恢复系数的选择

由于碟形弹簧的组合型式灵活多变，随着组合型式的变化，组合刚度和恢复系数也将随之变化。一定的组合型式，就有对应的组合刚度和确定的恢复系数。

对于碟簧桩帽沉桩来说，除了选择合理的组合型式之外，还必须合理地选择组合刚度和恢复系数。这三种因素既互相制约，又互相影响。因为，同一组合刚度可以对应多个（甚至无限个）碟簧组合方式，而这些不同组合方式，其恢复系数也并非相同。也就是说，同一组合刚度可能对应多个不同的恢复系数。为使打桩处于最佳效果，这就需要对上述三种打桩参数进行优化。

表 1-5 列出了直径为 420mm 的大型碟簧在同一组合刚度下的不同组合型式。

表 1-5　　　　　　　　　　　同一组合刚度下碟簧的不同组合型式

组合刚度（kN/cm）	组合型式	恢复系数	承载能力（kN）	组合刚度（kN/cm）	组合型式	恢复系数	承载能力（kN）
1100	（图）	0.894	900	2200	（图）	0.872	1800
	（图）	0.917	1800		（图）	0.743	3600
	（图）	0.921	1800		2×（图）	0.917	3600
4400	（图）	0.703	3600		2×（图）	0.894	1800
	2×（图）	0.743	7200	3300	（图）	0.768	2700
	4×（图）	0.917	7200		2×（图）	0.809	5400
	4×（图）	0.894	3600		3×（图）	0.917	5400
	2×（图）	0.872	3600		3×（图）	0.894	2700

表 1-5 说明，同一组合刚度下至少有三种以上的组合型式。在设计碟簧桩帽时，打桩参数选择的原则是，首先必须满足承载力，承载力主要指桩的竖向承载力 P 或组合碟簧的总负荷 P_z；其次是必须满足最优组合刚度 K；然后是选择恢复系数 e 较高的组合型式。

1.8.2　刚度优化计算

在参数选择之前，应进行刚度优化计算。

1. 目标函数、约束函数和优化变量的确定

在桩基工程中，当工程地质条件和桩型确定的情况下，碟簧桩帽的组合刚度和预压力对沉桩贯入度和桩身应力有着较大的影响，故选用组合刚度 K 和施加的预压力 P_F 为优化变量。以沉桩中最关心的沉桩贯入度 de_{max} 作为目标函数，同时要保证碟簧的恢复系数在 0.9 以上。其数学表达式如下：

目标函数：$de_{max} = -f\,(K,\ P_F)$；

约束函数：$K_{max} \geqslant K \geqslant K_{min}$；$\sigma_{max} \leqslant [\sigma]$；$e \geqslant 0.9$。

采用单目标、多约束的复合型法进行优化,程序计算框图见图1-20。

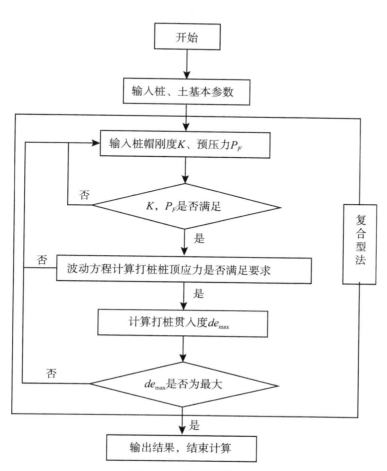

图1-20 程序计算框图

2. 工程实例

某桩基工程采用预应力钢筋混凝土管桩,外径为1000mm,桩长为44m,容重为25kN/m³,弹性模量为466GPa,锤重72kN,最大行程2.5m,锤击效率为0.9,桩的极限承载力为9000kN。采用碟簧桩帽作为沉桩辅助设备,以保证锤击贯入度大于3mm,桩身最大压应力小于25MPa。

通过优化计算可得,组合刚度为3100kN/cm,恢复系数 e 为0.92,预压力为1499kN,最大桩身应力为23.9MPa,贯入度可达0.38cm以上。图1-21所示为 F-(P_F, K)曲线。

根据优化计算的结果,选取合理的碟簧组合型式,见表1-6。

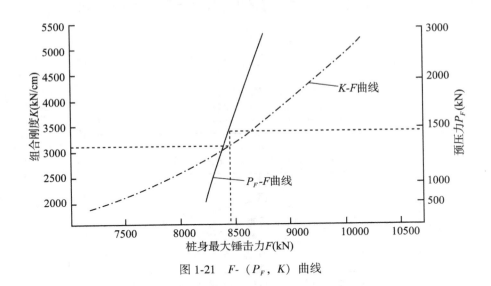

图 1-21　F-(P_F, K) 曲线

表 1-6					碟簧组合型式的选择		
编号	刚度 （kN/cm）	碟簧型号及组合型式		恢复系数	预压力 （kN）	承载能力 （kN）	适用情况
		外径（mm）	碟簧组合型式				
1	3244	315	4×	0.917	812	3400	承载力和预压力偏低
2	3244	315	4×	0.8956	400	1700	承载力和预压力偏低
3	3300	420	3×	0.917	1404	5400	承载力和预压力偏低
4	4400	420	4×	0.917	1872	7200	刚度较高
5	2933	420	4×	0.940	1872	7200	合适

1.9　工 程 实 例

1.9.1　实例 1：钢筋混凝土方桩的沉桩试验

各个桩基工程的地质条件、桩型、桩长、桩锤和锤击数都不一样。若在各种不同的

复杂条件下，均一成不变地使用同一组合型式的碟簧桩帽（即刚度不变），则势必在工程中应用效果不理想。其原因是：在特定的土层条件下，碟簧桩帽的组合刚度还必须与桩的刚度合理匹配。为了解决这个问题，本书编者在试验中，除了采用不同组合刚度的碟簧桩帽沉桩之外，还将一根桩采用松木替打沉桩，以便两种桩帽的应用效果进行对比。

1. 试验方法

试坑：试坑为长方体砂坑，其面积为 2.7m×1.5m，深度为 1.7m。砂坑底部为硬黏土，含水量 ω 为 18%，液性指数 I_L 为 0.25。试坑内填满匀质的砂，其比重 G_s 为 2.62。试坑内两侧为混凝土墙，另外两侧为与基土相同的硬黏土。

桩距与打桩顺序：6 根钢筋混凝土桩的桩位布置见图 1-22。其中 1 号至 5 号桩采用不同组合刚度的碟簧桩帽沉桩，6 号桩采用传统桩帽。试验时采用水准仪实测每锤的贯入度。为了消除邻桩的影响，尽可能使每根桩的边界条件一致。此外，控制桩距大于或等于 3B（B 为方桩截面的边长）。打桩顺序与桩号一致。

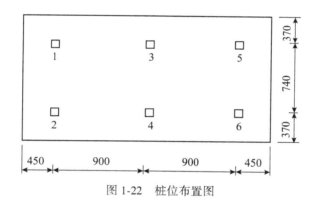

图 1-22　桩位布置图

试桩：试桩为钢筋混凝土方桩，采用 C30 混凝土，桩长为 1600mm，其断面尺寸为 100mm×100mm，桩的尖端设置棱锥形桩靴，其长度为 100mm。沿桩身轴线对称布置电阻片，其中混凝土表面布置 10 个点，在桩内纵向钢筋上布置 6 个点，两侧各 3 个点。测点位置如图 1-23 所示。

打桩机：试桩施打采用自行设计制造的简易自由落体式小型打桩机。锤重 500N，最大落高 2.5m。

桩帽：桩帽内碟簧片的参数为 $P=48.8$kN，$H=8.2$mm，$\delta=6$mm，$h_0=2.2$mm，$D=100$mm，$d=50.8$mm，其中：P 为碟形弹簧片的荷载极限；H 是碟形弹簧片的总重；δ 是碟片的厚度；h_0 是碟片的行程；D、d 分别是碟片的外径和内径。

1 号、2 号桩的桩帽分别由 4 片或 2 片碟簧对合而成；3 号、4 号桩的桩帽分别由 4 片（二并二串）或 6 片（三并二串）碟簧复合而成；5 号桩的桩帽由 6 片碟簧叠合而成；6 号桩采用松木替打，松木尺寸为 80mm×80mm×160mm，周围用钢板约束。

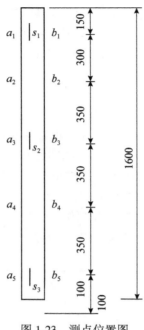

图 1-23　测点位置图

各试桩的组合型式和组合刚度见表 1-7。试桩的刚度为 $178×10^3 \mathrm{kN/m}$。

表 1-7　　　　　　　　　　各试桩的组合型式和组合刚度

桩号	组合型式	P_z（kN）	f_z（mm）	K（kN/m）	K_{cap}/K_{pile}
1		48.8	6.6	$7.39×10^3$	0.041
2		48.8	3.3	$14.79×10^3$	0.083
3		97.6	3.3	$29.58×10^3$	0.166
4		146.4	3.3	$44.36×10^3$	0.249
5		292.8	1.65	$177.45×10^3$	0.996
6	松木桩帽	—	—	$280.00×10^3$	1.572

2. 试验成果与分析

在沉桩过程中，各试桩均击打 40 锤，锤的下降高度均为 800mm。各试桩的沉桩贯入度列入表 1-8。又据实测应力波形图整理得到桩顶的混凝土表面的压应力 σ 和钢筋的

压应力 $\sigma*$，其值列入表 1-9。通过计算，混凝土的弹性模量 $E_c = 2.85 \times 10^4$ MPa，钢筋的弹性模量 $E = 2.1 \times 10^5$ MPa。图 1-24 为桩顶压应力 σ 或 $\sigma*$ 与碟簧组合刚度（K）的相关关系曲线。

表 1-8 各试桩的沉桩贯入度

桩号	锤击数（击）									
	5（mm）	10（mm）	15（mm）	20（mm）	25（mm）	30（mm）	35（mm）	38（mm）	39（mm）	40（mm）
1	35	33	29	25	21	20	16	16	15	16
2	37	32	27	25	23	19	16	9	15	18
3	36	32	21	22	20	20	18	18	18	18
4	35	32	21	22	19	19	17	18	17	18
5	35	37	31	25	23	19	18	19	18	18
6	39	37	31	25	24	19	17	14	14	14

表 1-9（a） 试桩桩顶的混凝土表面压应力

桩号	锤击数（击）									
	5（MPa）	10（MPa）	15（MPa）	20（MPa）	25（MPa）	30（MPa）	35（MPa）	38（MPa）	39（MPa）	40（MPa）
1	5.13	4.93	5.84	5.30	6.01	5.61	5.70	5.67	5.73	6.07
2	8.63	7.75	9.35	7.84	7.84	9.26	9.32	7.13	9.26	9.52
3	14.73	15.05	15.48	15.73	15.90	16.19	16.50	17.04	18.04	18.27
4	15.03	15.61	15.98	16.02	16.33	16.89	17.01	17.92	17.58	18.24
5	16.02	17.90	18.15	18.70	19.38	18.72	17.36	19.24	18.18	18.70
6	31.02	31.67	32.06	34.20	33.17	33.12	34.20	33.66	33.12	34.74

表 1-9（b） 试桩桩顶钢筋的压应力

桩号	锤击数（击）									
	5（MPa）	10（MPa）	15（MPa）	20（MPa）	25（MPa）	30（MPa）	35（MPa）	38（MPa）	39（MPa）	40（MPa）
1	53.13	64.70	54.60	53.13	57.54	58.80	48.72	48.93	48.30	48.30
2	54.60	65.94	76.02	68.88	65.94	81.90	70.35	65.94	97.44	81.69
3	90.30	106.05	106.05	106.05	106.05	106.05	107.52	104.79	108.99	107.52
4	91.35	107.10	107.31	107.52	108.15	108.57	109.20	108.15	106.26	109.20

续表

桩号	锤击数（击）									
	5（MPa）	10（MPa）	15（MPa）	20（MPa）	25（MPa）	30（MPa）	35（MPa）	38（MPa）	39（MPa）	40（MPa）
5	107.52	121.80	121.80	124.74	120.33	116.13	124.32	122.85	116.34	116.34
6	176.19	194.88	195.30	208.95	204.54	195.72	230.58	242.55	204.33	191.31

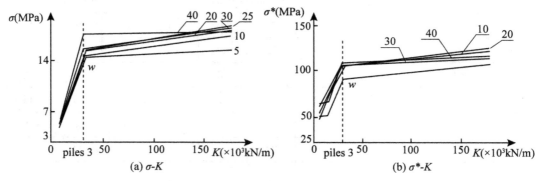

图 1-24　压应力 σ 或 σ^* 与碟簧组合刚度（K）的对比关系曲线

基于上述试验成果分析如下：

（1）由表 1-8 可知，各试桩的沉桩贯入度随锤击数的增加而减少。采用松木替打的 6 号桩，最后 3 锤仅只有 14mm；相反，采用碟簧桩帽的 1—5 号桩，最后 3 锤的贯入度达到 18mm，可见 6 号桩的贯入度衰减量非常明显。这表明，使用碟簧桩帽沉桩能够提高施工效率。

（2）由表 1-8 还可见，采用碟簧桩帽的 1—5 号桩，随着桩的入土深度的增加，其每击贯入度值十分接近。3—5 号桩最后 3 锤的贯入度值几乎相等。

（3）由表 1-9 可知，各试桩的桩顶应力（包括 σ 和 σ^*）随着桩的入土深度的增加而稍有增加。1—5 号桩的桩顶应力（包括 σ 和 σ^*）随着碟簧组合刚度的增大而增大。图 1-24 中的 σ-K 和 σ^*-K 两曲线形状相同，它们均存在以 w 点为转折点的两个阶段，在 w 点的前段是桩顶应力随着刚度的增加而增加很快；在 w 点的后段是桩顶应力随着刚度的增加而稍微有所增加。

（4）由表 1-9 亦知，采用松木替打的 6 号桩的桩身应力 σ 约为组合刚度最大的 5 号桩的 2 倍，约为其他桩的 3~6 倍。实测钢筋上的压应力表现出类似的关系。

归纳以上几点可得：对于特定的土质（或土的刚度）和桩的形状（或桩的刚度）的情况下，改变桩帽的组合刚度，可以确定桩帽碟簧组合的最佳刚度，最佳刚度能通过组合不同尺寸、数量和方位的碟形弹簧堆来实现。试验表明，1 号、2 号桩的应力小，但累计贯入度值也偏小。带松木桩帽的 6 号桩的累计贯入度较小，但累计应力非常大，超过了容许应力 25MPa。3—5 号桩的贯入度大，桩顶应力值远小于允许应力值。这三根桩的沉桩效果好，处于最佳工作状态，它们的桩帽刚度与桩的刚度比分别为0.166、0.249和0.996（见表1-7）。有趣的是，5号桩帽的刚度与桩的刚度接近，但由于碟簧采用叠合组合型式，片数多，摩擦力大，能量损失大；3号、4号桩帽的刚度远小于桩的刚度，由于碟簧采用复合组合型式，有利于能量的贮存和释放，故应力明显小于5号桩。由此可见，欲使打桩效果最佳，则桩帽的组合刚度除了应小于或等于桩的刚度之外（满足上述刚度比），碟簧的组合型式还应采取复合组合型式，且片数应少，二并二串最好（即3号桩帽的组合型式）。

小型沉桩试验研究表明，随着碟簧组合刚度的增加，桩顶压应力和沉桩贯入度也随之增加。然而，当碟簧组合刚度增加到一定数值后，再继续增加组合刚度，不仅贯入度不会增加，而且桩顶应力还有所增加。这表明，无限地增加碟簧组合刚度是无用的，而应该与桩的刚度合理匹配。

1.9.2 实例2：打桩参数选择试验

在打桩工程中，各个工程的地质条件、桩型、桩长、桩锤是不同的。若在这样的复杂条件下，均使用同一组合型式的碟簧桩帽，则势必在某些工程中，应用效果不理想。因而需要合理地选择碟簧参数，即组合碟簧刚度、组合恢复系数和组合型式。这三种因素互相制约又互相影响。同一组合刚度可以对应多个不同的碟簧组合方式，而这些不同的组合方式，其恢复系数也并非相同。也就是说，同一组合刚度可能对应多个不同的恢复系数。为了得到最佳沉桩效果，需对上述三种打桩参数进行优化计算。

1. 优化计算方法

在多种约束条件下，优化计算的目的就是通过调整组合刚度 K 来取得最大每锤贯入度。在优化过程中，锤、桩、土的特性是已知定值，优化变量为碟簧桩帽的组合刚度 K。

计算是基于微分Smith波动方程，优化计算方法是复合形法，计算步骤见图1-25，采用Fortran语言编程实现。

2. 工程算例

某桩基工程采用碟簧桩帽沉桩施工，基本参数为：预制钢筋混凝土方桩桩长24m，截面尺寸为0.45m×0.45m，桩单元长度为2.4m，单位长度桩重4.86kN/m，混凝土弹模30GPa。地基最大弹性位移为0.254cm，桩侧土的阻尼系数为0.163s/m，桩底阻尼系数为0.49s/m。取 $\Delta t = 0.0003$s，桩的极限阻力 R_U 为1500kN，其中桩底占30%。锤重7.2吨，最大行程2.5m，锤击效率0.90。

采用以上参数进行优化计算，计算结果见表1-10。从表1-10可见，随着碟簧组合刚度的增加，桩身压应力也增大。当组合刚度达到3000kN/cm时，继续增加组合刚度，贯入度不再增加，而桩身压应力仍有所增加。当组合刚度大于4000kN/cm时，桩身压应力超过允许压应力25MPa。由此可见，最佳组合刚度为3000kN/cm。此时贯入度达到最大0.4cm，桩身压应力23.5MPa也低于容许压应力25MPa。

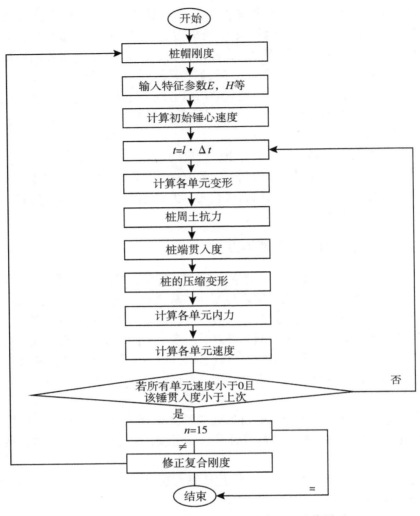

t—时间；l—单元数；Δt—时间间隔；n—迭代循环

图 1-25　优化计算步骤

表 1-10　　　　　　　　　　　　　**优化计算结果**

桩帽组合刚度 K（kN/cm）	1000	2000	3000	4000	5000
桩身压应力 σ_{max}（MPa）	17.0	20.0	23.5	25.0	26.0
桩身贯入度 h（cm）	0.2	0.3	0.4	0.40	0.4

　　针对所选的最佳组合刚度，选择相应的碟簧及其组合方式，可选的结果见表 1-11。在进行参数选择时，必须遵循两条原则：①桩帽内应采用多向组合，平面内应布置 3 组或 4 组碟簧，而不是单一地在竖向组合；②弹簧负荷应远大于桩的极限阻力 R_U。

表 1-11 碟簧参数选择

序号	组合刚度 (kN/cm)	碟簧型号及组合型式				恢复系数	弹簧负荷 (kN)	备注
		直径 (mm)	数量	平面布置	组合型式			
1	3230	315	16	4组	4片复合	0.917	3400	合适
2	2430	315	12	3组	4片复合	0.917	2550	刚度、负荷偏小
3	3230	315	4	4组	单片	0.915	1770	负荷偏小
4	1620	315	8	4组	2片对合	0.917	1700	刚度、负荷偏小
5	6480	315	8	4组	2片叠合	0.86	3400	刚度偏大、恢复系数偏小
6	4200	420	16	4组	4片复合	0.917	7200	刚度、负荷偏大
7	3440	420	12	3组	4片复合	0.917	5400	负荷偏大
8	4400	420	4	4组	单片	0.917	3600	刚度偏大
9	2200	420	8	4组	2片对合	0.917	3600	刚度偏小
10	8800	420	8	4组	2片叠合	0.86	7200	刚度偏大、恢复系数偏小

从表 1-11 可知，选择第 1 栏组合型式是最佳的，其组合刚度为 3230 kN/cm，与优化计算的最佳组合刚度接近。组合碟簧的恢复系数 0.917 要高于 0.9，弹簧负荷也满足要求。该工程应用上述组合型式的桩帽进行沉桩施工。除 3 根桩最后 10 锤的平均贯入度低于 3mm/击，其余均在 4~5mm/击，并全部完整无损地打入设计高程。实践说明，进行必要的优化计算和合理的碟簧参数选择，就能获得高效的打桩效果。

1.10 应 用 策 略

（1）当准备打入预制的钢筋混凝土桩或预应力钢筋混凝土管桩时，建议优先采用碟簧桩帽辅助沉桩。因为这样不仅能够确保桩身质量，而且能够提高施工效率。

（2）碟簧桩帽的造价与老式替打的造价接近，碟簧桩帽只要更换碟簧，可以多个工程长期重复使用，因此累积均摊造价大为减小。

（3）若需进一步减少造价，也可采用非金属材料制造碟簧桩帽的外壳，如用聚氯乙烯硬板制作桩帽的外壳，可以节省钢材 30%。

第2章 大直径钢管桩的制桩、沉桩与试桩

2.1 概　　述

欧洲早在20世纪30年代开始大量采用钢桩。桥墩、高层建筑、海港码头均以钢管桩作为基础。随着结构物越来越重，对其沉降的要求更为严格，桩要进入更深的土层，而钢管桩易于贯入，工程界乃大为青睐，需求数量与日俱增，钢管桩的直径与深度往更大、更深的方向发展。目前，欧美及日本的钢管桩长度已达100m以上，直径超过了2500mm。

我国从20世纪70年代末才开始大量运用钢管桩，当时沿海地区特大型钢厂、电厂的厂房及设备基础，深水码头和高层建筑等均以钢管桩作为基础。随着技术进步，钢管桩在工厂中得以大批量生产，为降低桩的成本创造了条件。虽然钢管桩价格昂贵，但由于其易贯入性、高承载力、施工速度快等优点而成为深基础工程中的重要桩种。与其他桩相比，钢管桩有下列优点：

（1）能承受较大的锤击力。由于钢材的韧性及强度比混凝土更能承受桩锤的冲击。上海金茂大厦桩尖到达地面下80m的砂层，需穿过数十米厚$N=40\sim50$的砂层，施工使用重达10t的D-100柴油锤及30t的HA-30液压锤。这样大的锤击力对混凝土甚至高强度混凝土桩是不可想象的。

（2）具有较大的垂直承载力。由于钢管桩能进入土质较硬的持力层，且锤击性能好，穿透力强，桩长可选得较长，加之材质好，这样选定的桩，承载力大。

（3）具有较高的水平抗力。钢管桩的截面模量大，对弯矩的抵抗力大。随着制造业的进步，如果直径加大，管壁增厚，则侧向抗力还可大大增加。对承受横向力较大的桥台、桥墩、码头以及考虑地震作用下的高层建筑，选钢管桩作为基础是有利的。

（4）沉桩过程中排土量少。钢管桩底部可不封闭，在沉桩过程中，大量土体进入管内，对周围土体的挤压量远小于桩尖封闭的预制桩，且小于开口预应力管桩，由于排土量少，对周围土体的扰动也小，可紧贴邻近建筑物施工，不会造成严重影响。尤其当场地狭小而荷载大的桩基础，如超高层建筑、重型设备基础，采用钢管桩是较合理的。

（5）桩的长度容易调节，设计选择余地较大，接头牢靠，容易与上部结构结合。

2.2 钢管桩的主要附件

钢管桩在桩节间的连接、局部加强及与上部承台连接时，需要配置一定量的附件，以确保工程质量，这些附件见表 2-1 及图 2-1。

表 2-1 钢管桩应配附件表

名称	用 途	材料
桩盖	焊在桩顶上，承受上部荷载	特制钢帽
增强带	宽 200~300mm，厚 8~12mm 的扁钢带，焊在钢管桩端部	扁钢
钢夹箍	用于桩节焊接，确保焊接质量	铜
保护圈	保护桩端，免遭装运时碰坏	铁皮
内衬箍	确保焊接质量	扁铁
挡块	用于固定内衬箍位置	扁铁

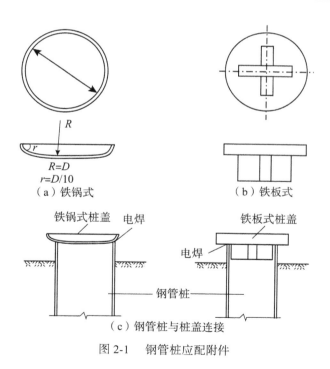

图 2-1 钢管桩应配附件

2.3　钢管桩的制作

常用钢管桩大多是由厂家生产的螺旋焊接钢管，材料一般为 Q235，少量也有用 16Mn 等低合金钢带焊制。对量少、规格又特殊的工程，也可在工地上自行卷制。

2.3.1　螺旋焊接钢管的制作

用这种方法制管其优点是可以得到任意长度的钢管桩，即使是同一宽度的带钢，只要调节螺旋角度便可制成任意外径的钢管桩。带钢的两端可进行预成型加工，因此制成的钢管桩可达到高精度与高垂直度，并得到理想的真圆度。这种工艺国产设备可生产的最大直径为 1200mm，壁厚达 20mm，国外已做到直径 2500mm 以上，壁厚 25mm。

2.3.2　平板卷制钢管制作

这种工艺无论在制作精度还是在生产量上均稍差于螺旋焊接管。当工程的钢管桩量不多、制作要求又不是很高时，可在工地或简易厂房内用此法制作。此时的流程为：
钢板切边、整平→卷制管段→管段焊接→管端坡口加工→管段拼接成型→焊接质量检验→外形修整→出厂。

2.3.3　钢管桩的制作误差

工厂制作的钢管桩，可按表 2-2 的标准验收。对于在工地上自行制作的钢管桩，要求稍低，可根据设计图纸要求，进行质量验收。当钢管桩较长时，往往分节打入，此时，需进行接桩，接桩时的外形误差可按表 2-3 的要求检查。

表 2-2　　　　　　　　　　　　　　钢管桩的制作容许误差

项　目			允许误差
外径	管端部		±0.5%
	管身部		±1%
厚度	<16mm	外径<500mm	+不规定　−0.6mm
		外径>500mm 外径<800mm	+不规定　−0.7mm
		外径>800mm	+不规定　−0.8mm
	>16mm	外径<800mm	+不规定　−0.8mm
		外径>800mm	+不规定　−1.0mm
长度			+不规定　−0
弯曲矢高			小于长度的 0.1%

续表

项　　目	允许误差
接头端面平整度	2mm 以下
接头端面垂直度	小于外径的 0.3% 最大为 4mm

表 2-3　　　　　　　　　　　　　　钢桩焊接质量验收标准

序号	项　　目	标准	备　　注
1	上下桩之间的间隙	2~4mm	每接头检查不少于 4 点
2	上下节桩的错口，ϕ>700mm 钢管桩	<2mm	每接头检查不少于 4 点
3	上下节桩的错口，ϕ<700mm 钢管桩	<3mm	每接头检查不少于 4 点
4	上下节桩的错口，H 型钢管桩	<3mm	每接头检查不少于 4 点
5	咬肉深度	<0.5mm	
6	焊缝宽度（盖过母材）	<3mm	
7	焊缝堆高	<2~3mm	
8	X 光射线探伤	Ⅱ级以上合格	每 20 根桩拍片一张，抽样检查

2.4　施工机械选用

桩锤是钢管桩施工的主要设备之一，合适的桩锤是确保钢管桩能顺利沉入土中的关键。桩锤选择应遵循以下原则：

（1）锤的冲击能量应满足将桩打至需要的深度。

（2）单桩的总锤击数不宜过多（一般控制在 3000 击以内），否则易使桩顶疲劳而破损。

（3）打桩时的锤击应力应小于桩材的屈服强度（可控制在 80%~85%）。

（4）最终桩的贯入度不能太小（如小于 0.5~1.0mm/击时，桩锤易损坏）。

（5）软土地区打桩，起始阶段土的阻力小，用柴油锤不易爆发，需多次挂吊桩锤，直到连续自跳为止。因而桩锤不易选择过大，造成经济上的不合理。

柴油锤是用得最多的桩锤，主要是其能量大，需要的辅助设备不多。常用柴油锤的规格及其适用于钢管桩的规格见表 2-4。国产导杆式柴油打桩锤技术性能如表 2-5 所示。

表 2-4 柴油锤规格

锤型	D100	D80	KB80	D62	KB60	K45	K35	K25
外形尺寸（mm）	$L=6200$	$L=6200$	$\phi980\times6100$	$L=5900$	$\phi1400\times5770$	$\phi1009\times4825$	$\phi889\times4550$	$\phi789\times4550$
总重（t）	17	14	20.5	10	15	10.5	7.5	5.2
活塞重（t）	8.8	7.3	8	5.4	6	4.5	3.5	2.5
锤击次数（次/min）	34~45	36~45	35~60	36~50	35~55	35~55	35~55	35~55
锤击能量（kg·m）	40000	31050	24000	22700	16000	13500	10500	7500
爆发压力（t）	—	—	300	—	246	191	150	108
柴油耗用量（L/h）	36	30	32~40	24	24~30	17~21	12~16	9~12
适用钢管桩	>ϕ9000	>ϕ9000	>ϕ9000	ϕ600~1000	ϕ600~1000	ϕ600	ϕ400~600	ϕ400

表 2-5 国产导杆式柴油打桩锤技术性能

项目		单位	桩锤型号		
			D_1-600	D_1-1200	D_1-1800
锤击部分重量		千克	600	1200	1800
锤击部分最大行程		毫米	1870	1800	2100
锤击次数		次/分	50~60	50~60	45~50
汽缸直径		毫米	200	250	290
活塞行程		毫米	381	480	540
压缩比			15:1	15:1	15:1
耗油量		升/时	3.1	5.5	6.9
燃油箱容量		升	11	11.5	11
桩的最大长度		米	8	9	12
桩的最大直径		毫米	300	350	400
卷扬机	起重能力	吨	1.5	1.5	3
	电动机型号		JZ$_{21-6}$	JZ$_{21-6}$	JZ$_{22-6}$
	电动机功率	千瓦	5	5	7.5
	电动机转速	转/分	915	915	920

续表

项　目		单位	桩锤型号		
			D_1-600	D_1-1200	D_1-1800
桩架外形尺寸	长	米	4.34	5.40	7.50
	宽	米	3.90	4.20	5.60
	高	米	11.40	12.45	17.50
全机总重		千克	5600	7500	13900

2.5　沉桩环境影响和降噪减振措施

施工机械包括：振动打桩机、液压振动打桩机、蒸气打桩机和柴油打桩机。利用这类打桩机时，施工噪声大、振动剧烈，会造成一定的环境污染和油烟污染，不适宜在城市居民区使用。

2.5.1　噪声危害

《非电量电测工程手册》有详细介绍，噪声是公害，安静环境的噪声标准应在40dB以下，平时讲话声为50~60dB。当噪声达到65dB时，对话就有困难。噪声达120dB时震耳欲聋，使人烦躁。人们长期生活在85~90dB的环境下，会得噪声病。在100~120dB的地方待几分钟，将产生暂时性耳聋。蒸气打桩机和柴油打桩机产生的噪声达120dB，所以令人厌恶。人耳对高频声音，特别是3000~4000Hz的声音最敏感，而对低频声音，特别是1000Hz以下的声音不敏感。所以打钢管桩时是钢与钢的碰撞，所产生的噪声属于高频，对人身的刺激明显比打混凝土桩要强烈得多。

2.5.2　振动危害

打桩振动对邻近建筑物的危害，大致可归纳为两个方面：其一，桩打入地基后，由于排土而造成超孔隙水压力增加，引起周围土体产生垂直和水平位移，导致邻近建筑物地面隆起，墙体开裂和位移。其二，打桩振动可能引起地基失稳；或由于扰动破坏了土的原始状态，而引起不均匀沉降；或是由于打桩振动频率与结构自振频率接近而引起共振，造成破坏。由于这些原因，打桩机在城市里施工受到一定限制，但其施工具有速度快的优点，仍然不失为备选方案。

2.5.3　打桩振动对邻近建筑物的影响评价标准

目前，国内外文献较少有完整、系统的著述。因为打桩振动对邻近建筑物的影响评价问题，不仅取决于建筑物的地基深度，还与上部结构的抗振强度息息相关，而且与振动波形的作用时间、频率和振幅以及速度和加速度等因素有关。在这些物理量中究竟采用什么量来评价振动的影响合理呢？大多数学者认为："评价结构安全用速度。评价人体影响则倾向采用加速度。"研究发现，在速度相同的情况下，振动危害不受地面运动周期的影响。目前，普遍认为，对于居住建筑而言，5cm/s 的质点峰值速度是避免振动破坏的最好标准。

2.5.4　评价标准的试验论证

本书编者曾参加武钢 3 号平炉大修工程打桩振动对高耸烟囱的影响原位现场测试，证实了 2.5.3 所述标准的实用性。

选定和实际施工的条件是：

打桩汽锤重：18kN；落距：2m；

钢管桩外径：40cm；桩长：18m。

武钢一炼钢厂计划在地面打钢管桩数十根，然后在其上建造余电锅炉房。但在打桩的周围有砖砌高耸烟囱、变电站和厂房，考虑到建筑物的安全，不敢贸然采用打桩施工方案，但由于时间紧迫，打桩方案仍是首选。后经专家分析讨论，决定试打，即边打桩，边监测，若监测值在安全范围内，可以继续打桩施工，直至完毕，否则停止打桩改变施工方案。因此，在地面布置了许多速度传感器，实测速度峰值见表 2-6。对于预制的钢筋混凝土方桩的桩头压应力可达 34.74MPa，而桩头不坏。

表 2-6　　　　　　　　　　　　试验实测速度峰值

测点	距打桩点距离（m）	实测数据（cm/s）	破坏状态描述
1	1.25	8.36	变电站外墙和地面开裂最大裂缝宽为 4mm
2	2.50	6.84	地面开裂
3	8.70	4.70	厂房完好无损
4	16.70	2.03	烟囱完好
5	27.50	0.27	烟囱完好

从表 2-6 可知，1、2 测点实测速度峰值大于 5cm/s，变电站墙面和地面出现开裂。由此证明，Wiss 提示的避免破坏标准很有参考价值。该试验有力地说明，通过边打桩、边监测的方法，能够将不可能的情况变为可能，从而将打桩进行到底。施工完毕，高耸烟囱完好，达到了预期目的。

2.5.5　降噪减振措施

为改善环境污染，使打桩顺利进行，建议采取如下降噪减振措施：

（1）换用重锤：桩锤愈重，起锤愈低，锤击速度愈低，噪声愈小。

（2）改变桩型：将桩脚改用开口型，以减小打桩阻力。

（3）采用预钻孔置桩、内取土沉桩，能够有效地减小打桩阻力。

（4）更换垫层：及时更换新垫层。当桩垫采用麻袋、三夹板、纸板时，其压缩厚度不少于 120~150mm，锤垫厚度不小于 100mm。

（5）采用碟簧桩帽辅助沉桩：采用碟簧桩帽沉桩能够减少锤击应力，增大贯入度，提高施工效率。

（6）开挖隔振沟：在打桩区域四周开挖隔振沟，其宽度和深度要根据隔振原理进行计算和设计。

（7）同步监测速度峰值：将速度传感器布置在邻近建筑物的墙脚处，在打桩的同时，监测速度峰值，使其控制在 5cm/s 以内。若接近或超过此值，应立即调整改换以上措施，其中最好的办法是采用碟簧桩帽辅助沉桩，它能降噪减振达到 30% 以上，效果显著。

2.6 实例：大直径钢管桩竖向承载力原位现场试验

武汉港外贸码头主体采用桩基梁板结构形式，其中前方栈桥采用 $\phi 800 \times 16$mm 钢管桩，共计 164 根。为了确定单桩竖向承载力，选定其中两根桩作为试桩，整个试验分三个阶段进行：第一阶段主要工作是桩身应变片粘贴和加速度计安装；第二阶段主要工作是打桩动态测试；第三阶段主要工作是竖向静力压载试验测量。全部试验工作由武汉大学（原武汉水利电力大学）土木建筑工程学院结构振动实验室完成。

1. 试验概况

武汉港外贸码头工程位于长江青山峡水道南岸，码头岸线长 402m，计有 3 个 5000 吨级海轮泊位。码头平面布置为引桥式，前方栈桥及平台宽度为 30m，引桥长约 66m。

为了确定单桩承载力，选两根桩为试桩。除了采用静力压载试验测量桩身应力之外，还对打桩过程进行了动态测试。两根试桩分别长 41.49m（S_1）和 41.41m（S_2），其外径为 800mm，壁厚为 16mm。两试桩均沿桩轴线方向对称布置四条测线（A，B，C，D）；每根试桩 7 个断面共布置 26 个应力测点。其中临时在 B、D 两测线的第 4 断面至第 5 断面之间各增加了 1 点，如图 2-2 所示。

两试桩的打桩过程均安排 6 次测试过程（简称为测阵），每测阵连续记录 5~10 锤。为了能全面了解桩身各测点在同一瞬时的受力以及应力波传播之规律，对所有测点还采取了同步测量。与此同时，还观测各测阵的入土情况及各土层的平均贯入度。两试桩均用 MB70 锤施打，桩帽内有 30cm 厚的垫木。锤击数分别为 1061 击和 1491 击，两桩尖均进入卵石层，高程相差为 63cm，桩距为 6m，地质条件完全相同。

在打桩过程中测量了桩身动应力和桩顶加速度。应力测量均采用 3mm×5mm 纸基应变片，为保证测量成功，对应变片和导线采取严格的防水防潮措施。据应变测量原理，沿桩轴向布置工作片，沿环向布置温度补偿片，这种互为补偿效果较好。由于在锤击过程中，桩身主要承受轴力作用，各测点处于单向应力状态，应力与应变成直线关系，因

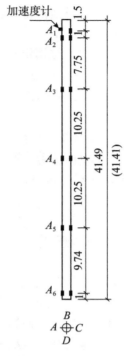

图 2-2　测点布置

此应变波与应力波是一致的。桩身应力波经动态应变仪放大，由光线示波器及 XR-510C 磁带数据记录器记录。

2. 动力试验成果与分析

由光线示波器记录下来的桩身各测点的动应力随时间变化。因两试桩的各种基本条件和试验结果基本相同，现以 S_2 桩进行分析。图 2-3 和图 2-4 分别为 S_2 试桩 A 测线 1~6 测阵各点的应力波形和该桩打入过程中的应力分布图。表 2-7 为 S_2 试桩的桩身拉、压应力实测值（压应力为正，拉应力为负）。图 2-5 为 S_2 试桩打入过程中的示意图。表 2-8 为两试桩锤击入土过程记录。

表 2-7　　　　　　　　　　　　　　**S_2 试桩的桩身拉应力和压应力实测值**

测点	试验过程	1	2	3	4	5	6
A_1	拉应力 σ_t（MPa）	−50.4	−54.6	−46.2	−37.8	0	0
	压应力 σ_c（MPa）	155.4	200.0	205.8	222.6	218.4	208.0
	$\sigma_t/\sigma_c \times 100\%$	32	27	22	17	0	0

续表

测点	试验过程	1	2	3	4	5	6
A_2	拉应力 σ_t（MPa）	−54.0	−60.0	−42.0	−35.9	0	0
	压应力 σ_c（MPa）	131.9	180	177.0	182.9	182.9	171.2
	$\sigma_t/\sigma_c \times 100\%$	41	33	24	2	0	0
A_3	拉应力 σ_t（MPa）	−66.4	−42.2	−18.1	−21.2	−6.1	−3.0
	压应力 σ_c（MPa）	123.9	169.1	163.1	172.2	166.1	162.3
	$\sigma_t/\sigma_c \times 100\%$	54	25	11	12	4	1.8
A_4	拉应力 σ_t（MPa）	−51.0	−18.1	0	−12.0	−27.1	−10.2
	压应力 σ_c（MPa）	126.0	173.9	168.0	173.9	164.9	157.2
	$\sigma_t/\sigma_c \times 100\%$	40	10	0	7	16	6
A_5	拉应力 σ_t（MPa）	−37.8	−14.7	−8.4	−8.4	−8.4	−4.2
	压应力 σ_c（MPa）	109.2	155.4	151.2	130.2	142.8	137.3
	$\sigma_t/\sigma_c \times 100\%$	35	9	6	6	6	3
A_6	拉应力 σ_t（MPa）	−2.9	0	0	0	−2.9	−2.9
	压应力 σ_c（MPa）	47.9	56.9	77.9	63.0	105.0	86.0
	$\sigma_t/\sigma_c \times 100\%$	6	0	0	0	3	3

归纳试验实测的压应力波形图，具有以下特点：

（1）同一锤击作用下，沿桩身各测点的应力波形有差异。桩尖处（或靠近桩尖处）应力波呈梯形状（或称压应力台阶），桩顶应力在第一压应力峰值后产生拉应力。如图 2-3（b），测点 A_1、A_2、A_3 在泥面（水下土层表面）以上，波形比较一致，在第一压应力峰值之后均有拉应力波形出现；测点 A_6 在泥面以下接近桩尖（距桩尖 1.0m），在第一压应力峰值之后没有拉应力波出现，而有一个压应力平缓台阶；A_4 在泥面附近，其应力波形不同于以上两种，兼有上述两类波形的过渡形式。

（2）桩尖入土深度及其不同土质对应力波也具有很大影响。如图 2-3（a）所示，桩尖的入土深度仅 6m，此时桩身绝大部分在泥面或水面以上，仅有测点 A_6 在土中。据图可知，各测点波形波动较大。随着桩尖入土深度的加大，各测点波形波动性逐渐减弱，第 5、6 测阵时，应力波形波动最小，而且从桩顶到桩尖各测点应力波形都没有拉应力出现，都呈现一个压应力平缓台阶，持续时间约 20～35ms。

（3）不同端点条件导致反射波的不同性状。如图 2-3（a）所示，当桩开始打入时，桩尖处泥层极软，位移不受限制，桩端应力较小。（实测桩尖断面 4 点的平均压应力为31.7MPa）。在这种情况下，应力波在桩顶与桩尖之间往复反射数次，其周期为 $2L/c$（L 是桩长，c 是桩身应力波速）。又如图 2-3（c）所示，当桩打到卵石层时，相当于刚

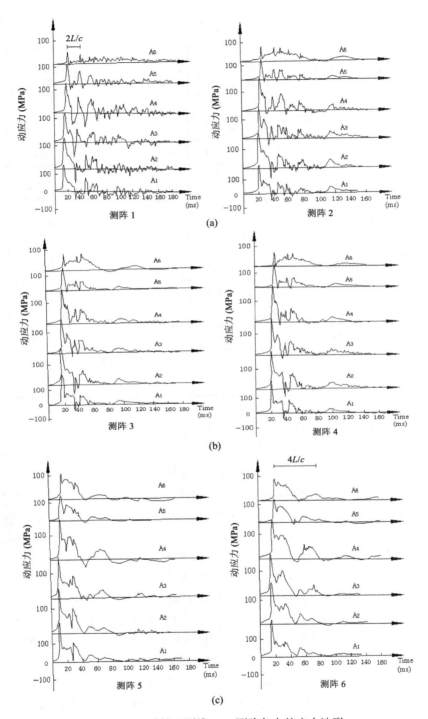

图 2-3　S_2 试桩 A 测线 1~6 测阵各点的应力波形

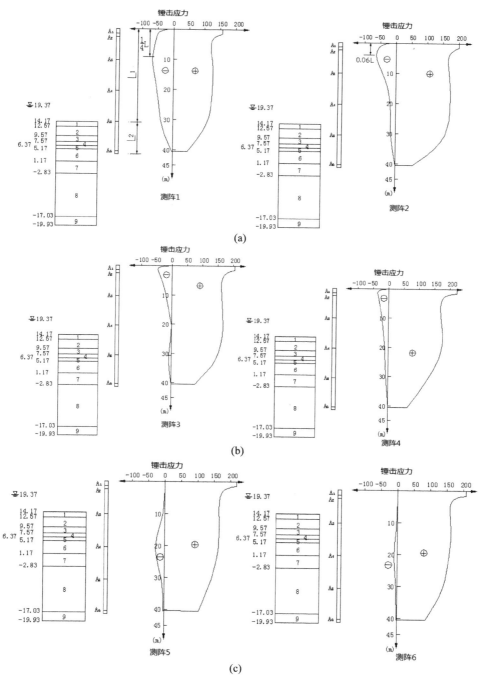

1—淤泥质亚黏土；2—粉细砂；3—淤泥质亚黏土；4—粉细砂；
5—亚黏土；6—粉细砂；7—亚黏土；8—粉细砂；9—卵石

图 2-4 S₂测桩 A 测线 1~6 测阵打入过程中的应力分布

性支承，端点位移几乎为零，桩端应力加倍（实测桩尖断面 4 点的平均压应力为 79.5MPa）。在此种情况下，应力波在桩顶与桩尖之间往复反射次数有限，其周期为 $4L/c$。

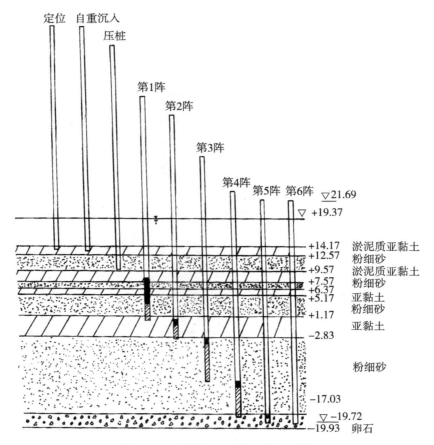

图 2-5　S_2 试桩打入过程中的示意图

表 2-8　　　　　　　　　　　试桩锤击入土过程记录

桩号	测阵编号	本测阵锤击次数	桩尖入土深度（m）	桩尖土质	平均贯入度（cm/击）	各土层累积锤击次数
S_1	1	24	9.571	粉细砂	39.79	24
	2	15	0.527	亚黏土	3.7	39
	3	16	0.50	粉细砂	3.1	98
	4	18	0.55	粉细砂	3.1	350
	5	16	0.06	卵石	0.38	760
	6	10	0.06	卵石	0.6	1061

续表

桩号	测阵编号	本测阵锤击次数	桩尖入土深度（m）	桩尖土质	平均贯入度（cm/击）	各土层累积锤击次数
S_2	1	14	4.77	粉细砂	34.1	14
	2	16	0.77	亚黏土	4.8	62
	3	15	0.40	粉细砂	2.7	128
	4	14	0.41	粉细砂	2.9	377
	5	15	0.07	卵石	0.46	939
	6	15	0.04	卵石	0.27	1491

拉应力波形具有如下特点：

（1）在打桩初期，桩身上部拉应力最大，随着桩入土深度的增加，桩身上部拉应力逐渐减小，拉应力与压应力的百分比也逐渐减小。例如，第1测阵，桩身上部拉应力最大达到-66.4MPa（A_3），占同点压应力的54%；第2测阵，桩身上部拉应力最大为-60 MPa（A_2），占同点压应力的33%；第3测阵，桩身拉应力最大为-46.2 MPa（A_1），占同点压应力的22%；第4测阵，桩身拉应力最大为-37.8 MPa（A_1），占同点压应力的17%；第5、6测阵，桩身上部拉应力为0（A_1和A_2）。

（2）在打桩的前段，第1测阵至第4测阵桩身拉应力最大值发生在桩身上部，即土面以上部分（l_1）；在打桩的后段，第5测阵至第6测阵桩身拉应力最大值发生在桩身下部，即土面以下部分（l_2）。桩身拉应力的大小及其最大值的发生部位与桩的入土深度（l_2）和桩在土面以上的长度（l_1）或桩的全长（l）有关。例如，当桩的入土深度为$\frac{1}{4}l$时，最大拉应力发生在土面以上$0.6 l_1$处，即距桩顶$\frac{1}{4}l$（第1测阵）；当桩的入土深度为$\frac{1}{3}l$时，最大拉应力发生在土面以上$0.9 l_1$处，即距桩顶$0.06 l$（第2测阵）；当桩的入土深度为$\frac{2}{5}l$时，最大拉应力发生在桩顶（第3测阵）；当桩的入土深度大于$\frac{3}{4}l$时，最大拉应力发生在土面以下$0.33 l_2$处，即距土面以下$\frac{1}{4}l$（第5、6测阵A_4测点）。

（3）第1测阵，桩的入土深度为10.46m，此时$A_1 \sim A_5$均在土面以上，仅A_6在土面以下。$A_1 \sim A_5$拉应力在-37.8~-66.4MPa之间，均大于同点压应力的32%。桩身产生顺桩轴线方向的拉应力是由桩尖所处的软弱或松散的泥层产生的贯入阻力引起的。在这个阶段，应力波形波动也较大，拉、压应力在桩顶与桩尖之间往复反射数次，其周期为2L/c。因此，这是桩发生断裂最危险的时候。然而，当桩的入土深度均达到30m以上时

（第 5、6 测阵），此时桩尖处于较硬的卵石层，桩底阻力较大，应力波形波动最小，拉、压应力在桩顶与桩尖之间往复反射次数有限，其周期为 $4L/c$。虽然，A_1 和 A_2 仍在土面以上，也无拉应力出现。

（4）当桩身入土之后（第 5、6 测阵），各测点拉应力很小，一般在 -10MPa 以下，仅占同点压应力的 $3\% \sim 6\%$。个别点大于 -10MPa，如第 5 测阵的 A_4 点，拉应力为 -27.1MPa，占同点压应力的 16%。因为此测点正处于粉细砂层，其上、下均为亚黏土。根据岩土力学理论，当下部土层较软而上部土层较硬时，容易产生拉应力。

打入阻力的特点是：打桩时所产生的总阻力，它大致等于土的静阻力 R_u 与最大阻尼力 R_d（动阻力）之和。依据实测波形，运用文献的阻尼法可得到打桩时的总阻力、静阻力、侧摩阻力和端阻力，以及它们与打入阻力的关系，如图 2-6 所示。这里必须说明两点：第一，为了阻尼系数取值的合理性，对各土层分别取值。淤泥质亚黏土和亚黏土取 0.55，粉细砂取 0.05，根据土层的厚度进行加权平均，得到桩基的阻尼系数为 0.18；第二，为了消除锤击偏心的影响，计算时取同一断面四个测点的平均值（在后面的静载试验也同样取值）。

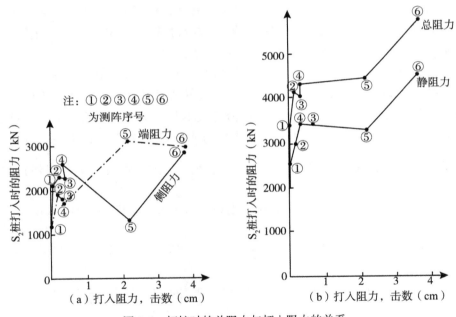

图 2-6　打桩时的总阻力与打入阻力的关系

由图 2-6 可知，打桩时的阻力与各测阵桩尖的土质有很大关系：①第 3 阵桩尖刚进入粉细砂层，侧摩阻力和端阻力都有减小的趋势。②第 4 阵桩尖进入粉细砂层约 8m，端阻力继续有所减小，而侧摩阻力略为增加；在第 4 阵至第 5 阵之间，桩尖进入粉细砂较深（约为 14.2m），侧摩阻力还继续上升，表 2-8 中的锤击数说明了这一点。如在第

3 阵至第 4 阵之间，桩尖穿过粉细砂 7.2m（占粉细砂层深度的一半），锤击数约 250 次，而在剩下的一半深度内，即第 4 阵至第 5 阵之间，锤击数为 500 次左右，大致为前者的 2 倍。由此说明，进入深层粉细砂的打入阻力猛增。若在第 5 阵（桩尖接触卵石层）之前，增加一次测试过程，将会在图中反映出侧摩阻力上升的趋势。③第 5 阵桩尖已穿过粉细砂层直接与卵石层接触，此时贯入阻力猛增，如表 2-8 中的平均贯入度从 3cm/击下降到 0.4cm/击。在第 5 阵至第 6 阵期间，随着打桩时间的延长以及桩周土的振动密实，侧摩阻力大幅度上升。这说明受扰动后的粉细砂触变恢复相当之快。④由表 2-5 还可知，在第 5 阵之前，两试桩的锤击数基本相同，而在第 5 阵及其之后，S_2 比 S_1 桩仅多打入 63cm，而锤击数竟多 430 次。这进一步说明桩在卵石层的打入深度非常有限。

总之，打桩时侧摩阻力、端阻力、总阻力和静阻力均随着入土深度的增加而增大。在打桩的前段侧摩阻力先于端阻力而发挥出来；在打桩的后段，端阻力增长较快。这也符合桩承载力的静力公式基本规律。

3. 静力压载试验成果与分析

静力压载试验是在打桩之后约 6 个月时进行的。经检查，水下应力测点除个别点失效之外，其余大部分完好，成功率为 83%。静力试验加载时，采用静态应变仪测量各点应力值，再由应力值换算得到桩侧摩阻力。为便于分析，将静载试验的侧摩阻力与打桩时的静侧摩阻力进行对比绘于图 2-7 之中，其数值列入表 2-9。

表 2-9 试桩侧摩阻力 （单位：kPa）

桩身部位	相应土质	沉桩贯入时	静载试验
A_1—A_2—A_3	基本在泥面以上，仅 A_3 在泥面以下 1.9m 处		
A_3—A_4	亚黏土和粉细砂层厚度各占一半，层厚为 5.12m	13.9	40.4
A_4—A_5	全是粉细砂，层厚为 10.25m	29.0	81.8
A_5—A_6	粉细砂层厚 8.05m，卵石层厚 2.69m	38.5	78.4

由图 2-7 和表 2-9 可知，打桩时静侧摩阻力与静载试验侧摩阻力都是自上而下逐渐增大的，总的趋势相同，特别是在粉细砂层处较明显。经六个月休息之后，桩的静侧摩阻力增长很多，各土层增长不等，其中粉细砂层增长幅度最大。

静载试验由于反力锚桩和装置的限制，在试桩未达到破坏荷载时试验被迫终止。终止时压载为 8800kN，此时，桩顶个别测点应力达到 380MPa 以上，接近或超过桩身材料强度极限。其他测点应力在 145~320MPa，这是由于加载的偏心和应力集中在桩顶的双重影响所致。

又据实测应力值可推求得到桩端阻力，见表 2-10。同理，还可得到桩顶轴向变形

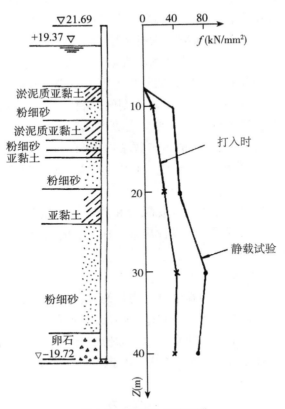

图 2-7   侧摩阻力对比图

值，其值列入表 2-11。

表 2-10

试桩阻力分布

桩顶荷载（kN）	试桩	桩端阻力（kN）	桩端阻力/桩顶荷载（%）
8800	S_1	—	—
	S_2	2510	28.5
7200	S_1	1140	15.8
	S_2	1830	25.4
6000	S_1	894	14.9
	S_2	1310	21.8
3600	S_1	460	12.8
	S_2	530	14.7

由表 2-10 可知，桩端阻力占总荷载的 15.8%（S_1）和 28.5%（S_2），说明桩端处的地质较好。

由表 2-11 可知，桩顶实测沉降值主要取决于桩身材料的压缩变形，而桩端处岩层的压缩变形量很小，只占 15%。这也进一步说明桩端处的地质基础较好。

表 2-11   桩顶轴向变形值

试桩	终止荷载（kN）	桩顶实测总沉降量（mm）	桩身压缩变形（mm）	桩端岩层压缩变形（mm）
S_1	7200	31.02	26.6	4.42
S_2	8800	35.06	29.62	5.44

4. 结论

本次试桩，从开始贴片至静载试验完毕，历时 9 个月。取得的大量数据均为试桩的分析和轴向支承力的确定提供了重要依据，无论是动试还是静试，都一致证明：土对桩的支承力远大于桩身材料强度之承载力。换句话说，该码头地质较好，其单桩容许承载力为 6100kN。动测法所得到的打入静阻力（R_u）和静测法所得到的极限承载力（Q_u）均符合试桩的普遍规律，其值准确可信。

值得说明的是，试桩上的电阻片在水下浸泡半年，大部分测点仍完好。这保证了试验数据的取得，由此证明试验中的防水措施是成功的。

2.7 应 用 策 略

（1）试桩实例说明，在打桩初期，桩的入土深度很小，桩身拉应力最大，最大拉应力点发生在距桩顶 $\frac{1}{4}l$ 附近。此处，拉应力占同点压应力的 50% 左右。高拉应力会导致横向裂缝的产生，甚至造成桩身断裂，特别是预制的混凝土桩，应该引起高度注意。为了避免这种情况的发生，建议在打桩的初期或打桩前段采用"重锤低打"，这对于自落锤是很容易实现的。

（2）在类似于上述实例的粉细砂层中打桩要做到每桩一气呵成，中间不要停歇。若停锤过长，则摩阻力增大影响桩机施工，造成沉桩困难。

（3）在桥梁和码头的桩基建设中，建议首选钢管桩。因为钢管桩不仅施工方便，而且具有较好的柔性，能够对横向冲击力起到良好缓冲作用，有效地保护码头和船体不受损坏。

（4）在桩基施工中，每个工程应该尽可能地选择若干工作桩做试验，能取得较好的经济效益。例如上述试桩，试桩试验费仅 4 万元，后经过试桩试验证实，实际承载力远远超过设计承载力。因此决定将桩截短 1m，共节省材料费投入 160 万元。

（5）试桩粘贴的电阻应变片的防水防潮工艺以及防护措施是试验成败的关键。防水防潮工艺共有三道工序：我们知道，电阻应变片粘贴的构件部位必须打磨清洗，并使其绝缘电阻达到∞，在室内可用电吹风吹干，很容易达到标准。而在室外特别是水面附近使用电吹风很难使大块体钢结构的绝缘电阻达到∞。因此，首先将电阻应变片用 502 胶水粘贴在薄铜片（紫铜片）上，再将薄铜片用环氧胶粘在被测的钢管桩表面。接着检查绝缘度，如果绝缘电阻达到∞，就立即用蜂蜡作为第一层防水剂涂在电阻片和铜片上，这是第一道工序。那么第二道工序是将浸透的半固化环氧树脂纱布覆盖全部，并用绝缘套管将线头连接处套上，并向套管内灌满半固化环氧树脂。第三道工序是将二硫化钼（MoS_2）涂敷全部外表面，导线连接处也要涂上。最后是防护措施，首先将全部导线捆扎在一起，自下而上布置一条线，再将小型角钢覆盖导线，并将角钢点焊在钢管桩上。打桩时，角钢与桩体一同沉下。角钢虽有一定刚度增加，但对于钢管桩的刚度来说，可以忽略不计。

第3章 大直径预应力混凝土管桩的制桩、沉桩与试桩

3.1 概 述

大直径预应力混凝土管桩采用分段制成混凝土管节，然后在管节间涂刷黏结剂，在管壁的预留孔道中穿入高强度低松弛的钢绞线作为主筋，施加预应力并灌浆拼装而成桩体。这种管桩属于后张法自锚预应力管桩。

大直径预应力混凝土管桩的管节成型工艺有复合法和立式法两类。采用复合法工艺制桩，概括地说就是采用离心、振动与辊压相结合的成套设备和相应的工艺，预制钢筋混凝土管节，每节的基本长度为4m，必要时可切割制成3m、2m或1m。现有产品的直径有1.2m和1.4m两类。预应力主筋均可采用单股钢绞线或双股钢绞线。如有特殊要求，还可以进行专门设计制造。关于该种制桩方法有关书籍已做介绍，此处不再叙述。采用立式法制桩是一种新工艺，它采用立式支模成型，竖向振动，真空吸水等工艺预制混凝土管节，然后进行拼接，施加预应力，而制成设计所需要长度的管桩。

3.1.1 大直径预应力混凝土管桩的特点

（1）大直径预应力混凝土管桩由于其管节的成型和拼接均可实行工厂化生产，生产中机械化程度高，因此桩身质量稳定可靠；如工程用桩量大，亦可将制作设备临时移至工程现场制造；

（2）大直径预应力混凝土管桩由于其成桩工艺先进，其混凝土的强度、容重和抗渗性能均优于普通混凝土；

（3）大直径预应力混凝土管桩具有良好的抵抗海水侵蚀的能力，不需采用防腐处理，节省施工和维护费用；

（4）大直径预应力混凝土管桩适用于各类土质，具有较好的耐锤击性；也可在桩端连接钢管桩而形成组合桩；

（5）大直径预应力混凝土管桩的开裂弯矩可达到 $1120 \sim 2000$ kN·m，而 600mm×600mm 的普通预应力混凝土方桩只能达到 315kN·m，因而大管桩能承受较大的水平荷载，在码头工程中可取消叉桩，而设计全直径桩码头；

（6）大直径预应力混凝土管桩的用钢量仅为相同直径钢管桩的 1/6~1/8；用它代替钢管桩，可降低造价 1/2~1/3；

（7）大直径预应力混凝土管桩的单桩极限承载力高，以武汉红钢城码头为例，桩长 44m，桩径 1m，入土深 32.5m，它达到了 8800~9300kN，比 600mm×600mm 的预应力方桩提高约 1 倍；

（8）大直径预应力混凝土管桩能应用于水深、桩长、流急、浪大的施工条件下的桩基工程。

3.1.2　大直径预应力混凝土管桩的用途

大直径预应力混凝土管桩可用于港口、海洋、修造船、桥梁及其他类似工程，包括：

（1）无掩护深水域非单纯受弯的码头工程；

（2）直立式防波堤、导堤工程；

（3）大型岸壁工程；

（4）铁路、公路及跨海桥梁工程；

（5）海洋石油钻井平台等结构物。

3.2　大直径预应力混凝土管桩的构造

预应力混凝土管桩的主筋是通过管壁预留孔而设置的单股或双股高强度低松弛钢绞线，主筋沿管壁周边布置，不少于 16 根。

预应力混凝土管桩管节纵向架立钢筋和箍筋采用 Q235 钢筋；纵向架立钢筋冷拔后直径不小于 7mm，箍筋直径不小于 6mm；箍筋做成螺旋环向式，桩顶管节环向筋螺距为 50mm，基本管节两端 1m 范围螺距为 50mm，中间范围为 100mm。

大直径预应力混凝土管桩的混凝土强度等级不小于 C60，当有抗冻要求时，按现行行业标准《水运工程混凝土结构设计规范》（JTS 151—2011）的有关规定执行。

大直径预应力混凝土管桩壁厚不小于 130mm，钢筋保护层厚度不小于 50mm。管桩拼接时管节间涂刷黏结剂。拼接接缝处黏结后的强度应高于管节混凝土设计强度。

大直径预应力混凝土管桩预留孔道压力灌浆，其立方体抗压强度不小于 40MPa。

大直径预应力混凝土管桩桩顶管节设钢板套箍，或采用纤维混凝土；桩端可设钢桩靴，其长度一般在 1m 以内；也可根据工程需要配置长度大于 1m 的钢管，形成组合桩。

图 3-1 是大直径预应力混凝土管桩的典型结构图；图 3-2 是桩顶钢板套箍剖视图；图 3-3 是大直径预应力混凝土管桩与钢桩靴或钢管桩的连接图。

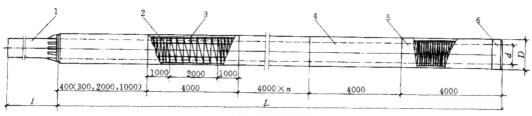

（a）管桩正视图

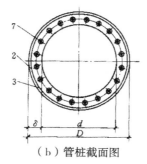

（b）管桩截面图

1—钢管桩或钢桩靴；2—环向箍筋；3—纵向架立筋；
4—基本管节；5—桩顶管节；6—钢板套箍；7—钢绞线
图 3-1 大直径预应力混凝土管桩的典型结构图

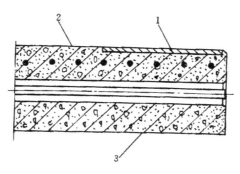

1—钢板套箍；2—管桩外壁；3—管桩内壁
图 3-2 桩顶钢板套箍剖视图

3.3 大直径预应力混凝土管桩的制作

大直径预应力混凝土管桩的制作包括管节成型和管桩拼接两个环节。本书主要介绍立式制桩工艺，以武汉市红钢城码头大直径预应力混凝土管桩的制作过程为例加以说明。

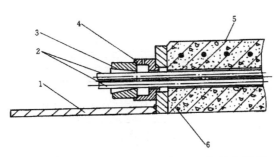

1—钢管桩或钢桩靴；2—钢绞线；3—钢绞线锚具；
4—锚垫板；5—管桩外壁；6—管桩内壁
图 3-3 管桩与钢桩靴或钢管桩的连接图

3.3.1 管节成型

管节成型的主要设备是一种经专门研制的立式钢模构成的振动台。它由内、外钢模、大功率振动器和真空脱水系统构成。其制作过程的步骤包括模板设计、预留孔道成孔工艺、真空脱水工艺、混凝土浇筑工艺。

1. 模板设计

考虑到模板的变形、稳定和拆装方便，内外模均用钢板加工，见图 3-4。外模采用厚度为 10mm 的钢板加工成两个半圆，并采用螺栓联结成圆筒（外径 1000mm，长 4000mm）。内模采用钢板卷成圆管，上端直径 743mm，下端直径 740mm。底模与外模底部环向连接板配合钻孔，也用螺栓连接，底模与上封头板套钻 18 个 ϕ38mm 圆孔。定位板用于固定 18 根芯管和内模上端，并与底模和上封头板套钻 18 个 ϕ25mm 圆孔。为便于混凝土浇筑和入仓，在外模顶部设置喇叭形漏斗，内模顶部设圆锥盖。

2. 预留孔道成孔工艺

采用 ϕ25mm 长 4380mm 两端带螺纹底珞钢，外套无缝钢作为成孔的芯管，安装时用螺帽将芯管固定在底模和定位板上。混凝土浇筑完毕，上封头板定位后，每隔 10～15min 将芯管转动一次。待混凝土初凝后，卸去底部螺帽，用吊车将定位板上芯管一次拔出。

3. 真空脱水工艺

为便于浇注较大流动度混凝土，研制了真空脱水系统。即在外模的内侧衬真空吸垫和预留若干个真空脱水孔，见图 3-5。真空吸垫的外密封层是钢外模，过滤层为尼龙布和薄铁护衬，二层之间衬塑料网格。真空脱水系统由真空脱水机、真空吸垫、连接管道、连通器和集水箱组成。并在模板底部设置大功率振动台，每浇注一层混凝土首先轻微振动一次，接着真空脱水，然后再用振动台强振一次。在成型的全过程中反复多次脱水和振动，这样利用真空造成的压差使混凝土受到较大挤压作用，从而排除多余水分；由于振动有利于全部气泡抽吸，填充水泥浆体，促使管节表面致密度提高，从而达到节

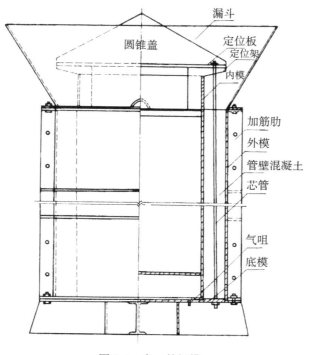

图 3-4　内、外钢模

省水泥的作用。

4. 混凝土浇筑工艺

按设计要求混凝土强度需达到 60MPa。经试验，确定混凝土配比为 1：1.08：2.24：0.32（水泥：砂：碎石：水），掺 FDN0.8%，冬季加掺三乙醇胺 3%，经 28d 养护后，13 根试件取样得到强度在 65.8~71.5MPa。

管节混凝土为 1.43m³，分 6 次下料，每次下料后起动振动台 5~10s，将混凝土振落到底。最后一次下料完毕，固定上封头板，并在其上固定一个附着式振动器。该振动器与振动台同时振动 1~1.5min。

管节成型后，夏季需 2~3h，冬季需 3~4h 方能脱内模和拔芯管。内模采用气顶脱模，即将压缩空气的送气管与底模的进气孔接通，送气至内模底部的气室，此时内模就会慢慢上升，升至 1000mm 时，用吊车辅助提升。内模拆除后，8~10h 才能拆外模。

3.3.2　管桩拼接

1. 管制拼接

管节选用 5t 叉车运输，可一次将管节搁放在张拉小车上。张拉台座采用 18 工字钢铺设，该台座长 60m，间距 1000mm，轨道平直度控制在 5mm 以内，见图 3-6。

管节黏结剂选用 K801-S 胶。黏结前，首先对接缝宽度进行检测，确定接缝抹胶厚

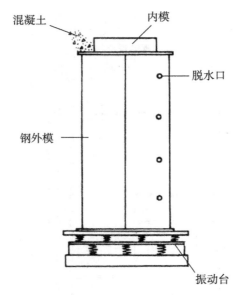

图 3-5　立式模板构造

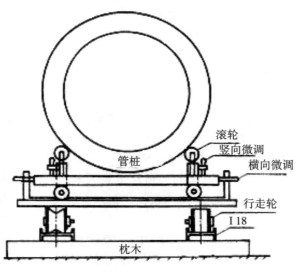

图 3-6　张拉小车

度和用胶量；并将管节两端表面清扫干净后，将底胶均匀地刷在管节拼接面上，再用胶泥均匀地覆盖底胶。待钢绞线穿好后，方可进行管节合拢。

2. 管桩张拉

张拉采用单根钢绞线作为锚具，选用 YC-200D 千斤顶提供张拉力。管节合拢后，首先对称张拉一组钢绞线，拉力为 30~50kN，以对接缝胶进行预压，待胶达到混凝土强度时再进行正式张拉。采用两端对拉时,先拉到张拉控制力的 70%,以消除钢筋残余应力。之后重新开始,拉到控制力的 105%,稳定 2min 定锚卸荷至零。

3. 预留孔灌浆

预留孔灌浆选用 1∶0.35(水泥∶水)为灌浆配比,另掺木钙 2.5%。灌浆之前先用压力水将预留孔冲洗干净,然后起动压浆泵压浆。当预留孔的另一端排浆冒出浓浆之后,再堵上出浆孔,继续加压到 0.6~0.8MPa,稳压 1~2min,关闭送浆阀门。

3.4 大直径预应力混凝土管桩的沉桩

大直径预应力混凝土管桩沉桩施工前,应熟悉工程地质、水文、气象等有关资料,根据工程情况进行分析,酌情选定沉桩方式。

3.4.1 沉桩工艺

武汉市红钢城码头位于长江南岸,据钻探报告表明:泥面附近 2m 深处内为夹碎砖的淤泥亚黏土,以下为中密和密实粉细砂,贯入击数 N 为 15~58,桩尖高程处为卵石层。鉴于该处的复杂地基以及大管桩不能承受较大锤击力之弱点,又据以往类似地质条件下沉放较大直径钢管桩的经验,认为大直径管桩不可能干打到底,必须采用内充内排、边冲水边锤击的沉桩工艺,即以水冲为主,在桩尖距设计高程约 1m 时停止水冲干打到位的施工方法。

由于管桩入土深度达 30 余米,单纯采用射水破土,不但沉桩效率低,而且较粗颗粒难于排除,并在沉桩结束时,也因沉渣太厚容易拔断射水管。为此,必须增加一套吸泥设备。

为确保管桩在沉桩之后的桩身完整性,除了采用 MB-70 型大型柴油打桩船之外,还采用新型碟簧桩帽辅助沉桩,以减少锤击应力。为便于冲水吸泥,则在桩帽下端(侧向)开一大孔,该孔高 68cm,宽 23cm。

具体施工顺序为:施工挖泥→穿吸泥管→桩起吊竖立→冲洗沉桩→干打到位。

3.4.2 沉桩

当管桩定位后,桩尖可以慢慢下放至泥面,然后起动冲洗设备,在桩内破土吸泥,此时管桩靠桩、锤、桩帽的自重下沉。当吸泥管排出的泥水由浓变清时,辅之锤击,此时射水吸泥不能停,否则吸泥管、射水管被堵塞;当排出的泥水浓且黑时,压锤和锤击停止,否则堵塞或顶伤吸泥管上部弯头。当管桩沉到接近设计高程约 1m 时,停止射水,但吸泥还得继续,直至桩内的泥沙排清后为止,然后方可干打,直至桩尖坐落于持力层上。

3.4.3 沉桩结果

提前两年对 0 号桩进行试制和试沉。0 号桩沉到接近设计高程时,停止射水,干打

40 锤，干打深度为 0.28m，最终平均贯入度为 3mm/击。桩顶出现"人"字形裂缝，桩头破损，混凝土块脱落，钢筋露出。在桩身下部距桩尖 8~15m 范围内也出现数条纵向裂缝。分析其原因主要有两点：一是未采用碟簧桩帽；二是未对管节接缝胶进行预压张拉。

针对 0 号桩存在的问题，对制桩工艺进行了必要的修改和调整，同时对沉桩施工程序也进行了改进，只用了 20d 就将其余 19 根大管桩全部沉入设计高程。但有两根桩在下沉过程中，因吸泥管设备出现故障，无法修复，此时两桩桩尖离设计高程分别还有 3.95m 和 4.64m，只好提前干打，锤击次数分别为 236 次和 399 次，最终贯入度分别是 4mm/击和 2mm/击，两桩均锤击到位，其他桩最终贯入度为 2~8mm/击，19 根大管桩均未出现任何裂缝和破损。这表明碟簧桩帽对桩身锤击应力的减小起到极其重要的作用。

大直径管桩穿过粉细砂层达 16m，充分说明，采用水冲为主，本书中碟簧桩帽辅助锤击沉桩方法能够解决复杂地基上大直径薄壁预应力混凝土管桩沉桩的困难，为沉桩工艺开辟新途径。

3.5　预应力混凝土管桩不适宜地质

3.5.1　孤石和障碍物多的地层不宜应用

主要原因是容易发生如下工程质量事故：

（1）管桩不能全部沉至设计持力层，有时在同一承台内，有的桩可打至持力层，有的桩打不下去，桩长相差很多；

（2）桩尖接触到孤石或地下障碍物时，桩身会突然偏离原位或大幅度倾斜；

（3）管桩桩尖破损、桩身折断和桩头被打烂。

3.5.2　有坚硬夹层时不宜应用或慎用

有些地区基岩以上的覆盖层中，存在着一层或多层坚硬夹层，如果这些夹层厚度大且又无软弱下卧层，可以考虑作为管桩的持力层。若厚度只有 1~2m 甚至几十厘米，其下又为软弱层或一般土层，管桩必须穿越这个夹层直到以下坚硬的设计持力层。管桩遇到这类夹层时，要么贯穿不了，要么破坏率相当高。此时可采用钻孔灌注桩较适宜，若非采用预应力管桩则应选用高强 PHC 桩。当存在较厚而密实的砂层或卵石层时，最好采用试打桩的方法来判断打桩的可行性，不宜轻易采用预应力管桩的方案。

3.5.3　从松软突变到特别坚硬的地层如石灰岩等地层不宜应用

在石灰岩上的覆盖土层中，坚硬土层或密实砂层是不多见的，很少可作预应力混凝土管桩的持力层。而石灰岩是水溶性岩石，不存在强风化层，基岩表面就是裸露的新鲜岩石,抗压强度高达100MPa以上。在这样的工程地质条件下,高强的预应力管桩也会很快被打断,故应当严禁以石灰岩作为打入式管桩的持力层。如果石灰岩层上面有适合作管桩持力层的岩土层,则另当别论。同时,在石灰岩地区,溶洞、溶沟、溶槽、石笋(芽)、漏斗等"喀斯特"现象相当发育。在这样的工程地质条件下施打预应力管桩,经常会发生各种工程质量事故,应严格控制管桩的应用。

实际上,基岩上部完全无强风化岩层的情况是比较少见的,在一些厚淤泥软土地区,强风化岩层较薄的情况却比较多见。大量的工程实践表明:当强风化岩层厚度小于50cm时,采用打入式管桩的效果与无强风化岩层的效果差不多,所以也不宜采用预应力管桩。当强风化岩层厚度为2m以上时,采用预应力混凝土管桩一般不会出现什么问题。当强风化岩层厚度只有0.5~1.2m时,采用预应力混凝土管桩也是可行的。如果强风化岩层上完全是松软土层,最好采用其他桩型,若非采用预应力混凝土管桩不可,应适当降低设计承载力,或采用静力压桩的施工方法。

3.6 预应力混凝土管桩的施工控制措施

能否顺利地将预应力混凝土管桩打进地下要求的深度,而不发生破裂损坏,这既要取决于混凝土桩的结构设计和制造工艺,也取决于打桩技术措施及其施工控制。根据经验和理论分析,就打桩施工控制问题,归纳出以下四个要点:

3.6.1 重锤低打

桩锤愈重,起锤愈低(锤击速度愈低),锤击接触作用时间愈可延长,应力波波长愈可延长,而打击应力值愈可降低。所以在某一定的锤击动能之下,一般宜选用较重的桩锤,并以较低的锤速施打。就一般情况,当采用柴油锤施打预应力混凝土管桩时,对 ϕ550桩可采用3.5~4.5t桩锤,对 ϕ400桩可采用2.5~3.2t桩锤;当采用蒸汽锤时,可各采用8~10t锤和6~8t锤,并宜取在偏重的一侧。蒸汽锤起锤高度不宜超过1m。柴油锤的冲程较高(大多在2m左右),也较难控制,所以需要加强其他措施(软厚适宜的衬垫)予以弥补。

美国混凝土学会关于混凝土桩打桩施工的建议特别强调"重锤低打":"为了降低打桩应力,对于所需要的打击能量,要使用重锤低速施工(低打),而不是使用轻锤高速施工(高打)。打桩应力是与锤击速度成正比例关系的。"英国规范CP2004(Code of practice for foundations)也提道:"在一定的应力值的条件下,可依靠使用最重的桩锤和最软的衬垫来获取最大的沉桩量,但要妥当调整桩锤落程,以使打桩应力能适应于混凝土的容许应力。"

3.6.2 衬垫适宜

美国混凝土学会在ACI543R(Recommendations for design, manufacture and installation of concrete piles)中提道:过去,曾担心过衬垫会妨碍锤击能对桩身的有效传递,

但混凝土桩的打桩经验和近年来对动应力波的理论研究都已表明：正常的打桩衬垫，既可以延长桩锤打在桩头上的接触作用时间，实际上，有时还能够增加打桩贯入力。但要使用适宜的桩头衬垫，垫在桩帽与桩头之间。当桩身较短（15m 或更短）、桩脚下土层的阻力一般时，可使用 8~10cm 厚的木垫。衬垫应使用松木垫。当向很软的土层中施打很长的长桩时，需要使用厚度达 15cm、20cm 甚至 30cm 的松木垫。如木垫被打硬砸实或打至烧焦时，应进行更换。每一根桩都应使用一个新垫。如果打桩是极难打进的，在同一棵桩的打桩进行中途也需要适时更换新垫。为了控制（降低）打桩应力，最经济的办法通常采用最适宜的桩头衬垫。英国规范则提到，桩头应力通常取决于桩锤重量、桩锤落程以及衬垫的柔韧性；由于衬垫在重复使用中要变坚硬，所以必须按时更换新垫，才能保持最佳的打桩状态。

3.6.3　力戒偏打

偏心锤打在桩头某一侧将产生应力集中，致使局部受力过大，甚至使混凝土桩受到压弯联合作用，容易将桩打坏。造成偏打的原因可能是桩锤、桩体的轴线不重合，桩帽、衬垫的构造不当或不平不匀。当锤打 30cm 方桩的偏心量为 5cm 时，桩内产生的最大应力值竟增高一倍。

3.6.4　应力监测

在打桩的时候，同步监测桩头部位（距桩顶 1m）混凝土表面的锤击压应力。根据本章表 3-3 可知，大直径预应力混凝土管桩采用老式替打辅助沉桩时，桩头应力最大值是 27.4MPa，平均值是 24.8MPa，桩头破损、桩身出现纵、横裂缝。而采用碟簧桩帽辅助沉桩时，桩头压应力最大值是 13.33MPa，平均值是 12.35MPa，桩头和桩身均完好。由此可见，在同样的条件下，碟簧桩帽辅助沉桩能使桩头应力减小一半。同时也说明，桩头压应力为 20MPa 是施工控制上限标准。为此，编者认为大直径预应力混凝土灌壁管桩沉桩时桩头最大压应力应该控制在混凝土强度的 1/3 以下。

此外，打桩锤的选择也很重要。它是预应力管桩设计和施工技术中重要的一环，一般要求锤重大于桩重。对常用的筒式柴油锤，一般可以按桩重量选择锤重，即先由岩土工程勘察资料计算桩长，求出桩的重量，然后按桩重的 1.5~2.5 倍选择锤重。如直径 400mm 的 PHC 管桩，桩重量约为 0.24t/m，以 20m 桩长计，桩重 4.8t，锤重按 2 倍计算，则锤重要求为 9.6t，可选择 4.5t 筒式柴油锤，其锤体总重量为 10.5t。一般经验认为，对于钢筋混凝土方桩的桩与锤重量之比可选择 1∶1~1∶1.5。

3.7　工 程 实 例

通过对武汉市红钢城码头大直径预应力钢筋混凝土管桩的试桩试验，介绍并展示碟簧桩帽辅助动力沉桩法在大直径预应力混凝土管桩实际工程中的应用效果及现场测试情况。

3.7.1 工程概况

武汉市红钢城码头采用大直径预应力钢筋混凝土管桩连片式码头及墩式码头的新型结构形式。由 20 根大型预应力钢筋混凝土管桩（简称大管桩）构成码头的桩基础。大直径管桩的外径为 1000mm，内径为 740mm，壁厚为 130mm，桩长 40～48m。由 10～12 节长为 4m 的管节黏结拼装后，经整体施加预应力灌浆自锚而成，桩重 380～420kN。管桩编号为 0～19。在盖码头的前沿还布置直径为 1.0m，壁厚 16mm，长 37.8m 的钢管桩 4 根，作为码头靠船浮梁的支承桩，其编号为 20～23。桩位平面布置如图 3-7 所示。

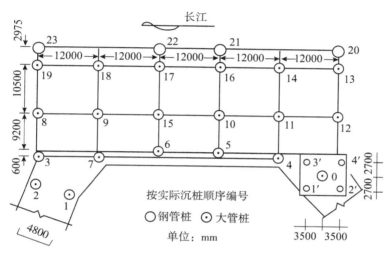

图 3-7　桩位平面布置图

如上所述，根据地质条件，管桩采用了内充内排、边冲边锤击的沉桩工艺。这种沉桩工艺对桩承载力是否有影响呢？为此，必须对单桩水平承载力和垂直承载力分别做动测和静测试验。为了便于试验，在 0 号桩周围打入 4 根钢管桩作为锚桩。锚桩直径为 900mm，壁厚为 14mm，长为 40m。其编号为 1′、2′、3′、4′，详见图 3-7。

全部工程沉桩分两批进行。第一批沉桩为 1′、2′、0、3′、4′号，第二批沉桩为 1～23 号。

3.7.2 动测试验

1. 试桩与测点布置

第一批沉桩时，除了对 0 号大直径预应力混凝土管桩的桩顶断面的锤击应力和锤击速度进行了动测之外，还对 0 号桩以及 1′～4′号锚桩的沉桩贯入度和锤击数进行了观测。应力测定和速度测定均距桩顶 1.0m 处对称布置。

第二批沉桩时，为了对老式替打与碟簧桩帽的应用效果进行对比，确定 1、2、3、4、6 号桩为试桩。其中 1、4 号管桩采用老式替打沉桩；2、3、6 号桩采用碟簧桩帽沉桩，并记录各试桩沉桩贯入度和锤击数。

前已述及，碟簧桩帽能使桩身应力特别是桩顶应力减少很大，第二批试桩也均只在桩顶布置测点。即在距桩顶 1.5m 处对称布置 4 个应力测点，同时还对称布置 2 个速度测点和 2 个加速度测点。

2. 大直径

两批沉桩均采用 MB-70 型柴油打桩船。该打桩锤总重 211kN，活塞重 72kN，锤总长 5.95m，锤直径 1.1m，最大行程 2.5m，最大爆发力 2MN。

3. 桩帽

老式替打总重 35kN，内装厚为 30cm 的松木，挤压密实构成垫层。碟簧桩帽选用直径为 420mm 的大型碟簧，根据对打桩时静阻力 R_u 的预估和刚度优化的结果，确定选用 16 片碟簧，平面内布置 4 组，竖向 4 片复合形式。

4. 信号测量

桩顶动应力测试采用动态应变仪。桩顶速度、加速度采用 YD-5 加速度计拾取，经电荷放大器放大，再由 XR-510C 磁带记录仪记录。

5. 成果分析

根据两批沉桩过程中的记录整理得到各试桩在沉入过程中的锤击数和最终贯入度，其值列入表 3-1 和表 3-2。

表 3-1　　　　　　　　　　　　　**第一批沉桩参数**

桩号	桩规格	设计桩顶标高（m）	实际桩顶标高（m）	锤击数（击）	贯入度（mm/击）	干打深度（m）	桩帽型式
1'	钢管桩	22.25	22.938	763	11	2	老式替打
2'	钢管桩	22.25	22.22	1788	63	3	老式替打
0	大管桩	20.30	20.126	68	3	0.28	老式替打
3'	钢管桩	22.25	22.469	1679	5.7	2	老式替打
4'	钢管桩	22.25	22.09	749	10	2	老式替打

表 3-2　　　　　　　　　　　　　**第二批部分沉桩参数**

桩号	桩规格	设计桩顶标高（m）	实际桩顶标高（m）	锤击数（击）	贯入度（mm/击）	干打深度（m）	桩帽型式
1	大管桩	40.00	20.627	172	2	约1.0	老式替打
2	大管桩	40.00	20.45	84	4	约1.0	碟簧桩帽
3	大管桩	44.00	21.13	50	8	0.90	碟簧桩帽
4	大管桩	44.00	25.24	168	2	1.12	老式替打

桩号	桩规格	设计桩顶标高（m）	实际桩顶标高（m）	锤击数（击）	贯入度（mm/击）	干打深度（m）	桩帽型式
5	大管桩	44.00	21.51	236	4	3.95	碟簧桩帽
6	大管桩	44.00	21.62	399	2	4.64	碟簧桩帽
7	大管桩	44.00	21.67	142	7	2.15	碟簧桩帽
20	钢管桩	37.48	26.68	594	1	约15.0	碟簧桩帽
21	钢管桩	37.48	27.47	397	4	约15.0	碟簧桩帽
22	钢管桩	37.48	27.463	374	4	约15.0	碟簧桩帽
23	钢管桩	37.48	27.465	542	3	约15.0	碟簧桩帽

又根据实测波形整理得到各试桩最后 10 锤的桩顶动应力、速度和加速度，其值分别列入表 3-3、表 3-4、表 3-5，实测波形见图 3-8。另在打桩过程中和沉桩结束后还对各试桩进行了表面观察，其结果列入表 3-6。

表 3-3 桩顶动应力实测值

桩号	最大值（MPa）	最小值（MPa）	平均值（MPa）	作用时间（ms）	桩帽型式
0	27.4	19.4	24.8	21.0	老式替打
2	13.33	11.56	12.35	22	碟簧桩帽
3	13.3	12.35	12.94	25	碟簧桩帽
4	17.95	12.95	15.99	21.5	老式替打

表 3-4 桩顶速度实测值

桩号	最大值（cm/s）	最小值（cm/s）	平均值（cm/s）	作用时间（ms）	桩帽型式
0	285	159	229	8	老式替打
2	171	135	156	10	碟簧桩帽
3	135	117	129	10	碟簧桩帽
4	243	189	211	8	老式替打
6	212	87	145	9	碟簧桩帽

表 3-5 桩顶加速度实测值

桩号	最大值（m/s²）	最小值（m/s²）	平均值（m/s²）	作用时间（ms）	桩帽型式
2	60	43.8	54	3	碟簧桩帽
3	82	72.9	77	3	碟簧桩帽

续表

桩号	最大值（m/s²）	最小值（m/s²）	平均值（m/s²）	作用时间（ms）	桩帽型式
4	94.4	68.6	84	3	老式替打
6	150	94	120	4.5	碟簧桩帽

表 3-6   **各桩表面现象观察结果**

桩号	桩身及桩头破损现象	桩帽型式
0	刚打几锤，桩顶出现了"人"字形裂缝，桩头局部破损，混凝土块脱落，钢筋露出。之后还发现桩身下部即距桩尖 8～15m 范围内出现数条纵向裂缝	老式替打
1	在第 9 锤时有混凝土块掉下来，即桩头边角破损。之后还发现两处纵向裂缝，一处长约 80cm，另一处长约 30cm，还有许多纵向分支裂缝，钢筋露出	老式替打
4	破损程度与 1 号桩相同	老式替打
2，3，5～18，19	桩身和桩头完整无损，未发现任何裂缝	碟簧桩帽

根据上述试验成果，具体分析如下：

（1）据表 3-2 知，紧相邻的 1、2 号两根桩，地质条件、桩长和设计桩顶标高均相同，实际沉桩过程和环境也基本相同，但两桩的沉桩效果却相差很大。采用老式替打的 1 号桩，总锤击数 172 次，最后贯入度 2mm/击，而采用碟簧桩帽的 2 号桩，总锤击数 84 次，最后贯入度 4mm/击。可见，采用碟簧桩帽沉桩比老式替打沉桩，总锤击数减少一半，贯入度增加一倍。

（2）据表 3-2 还知，采用老式替打的 4 号桩，由于水冲桩的吸泥设备在沉桩过程中出现故障，无法修复。此时，桩尖离设计标高还有 4.86m，只好提前干打，锤击 168 次，已达到最小允许贯入度（2mm/击），被迫停锤，其干打深度仅 1.12m，桩尖离设计标高还有 3.74m，最终桩未到位。而采用碟簧桩帽的 5 号、6 号桩，在沉桩的中途，也出现无法修复的故障，此时，两桩的桩尖离设计标高分别还有 3.95m 和 4.64m，也提前干打，锤击数分别是 236 次和 399 次，最后贯入度分别是 4mm/击和 2mm/击，两桩均锤击到位。4 号桩和 5、6 号桩的地质条件及其他条件均相同，最终沉桩结果不同。这说明采用碟簧桩帽沉桩在一定程度上解决了沉桩的困难，增加了在复杂地基沉桩的可能性。1、2、3、4 号钢帽桩与码头前沿的 20、21、22、23 号钢管桩，这两种桩的直径和桩长基本相近，但两者的沉桩结果不同。前者采用水冲法，锤击数为 749～1788 次，且干打深度仅为 2m。而后者自始至终干打，干打深度达 15.0m 左右，锤击数为 372～594 次。后者不仅锤击数远小于前者，而且贯入度满足要求。二者对比明显可见，采用碟簧桩帽沉桩能使桩尖牢固地坐落于持力层上，这样不仅能满足桩身设计承载力，而且超过了设计承载力。

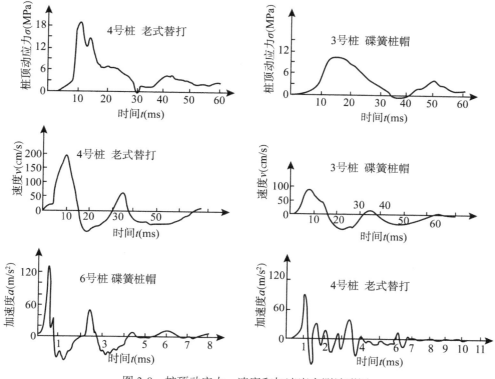

图 3-8　桩顶动应力、速度和加速度实测波形图

（3）由表 3-3 可知，采用碟簧桩帽沉桩时桩顶应力远小于老式替打。采用碟簧桩帽沉桩能使应力波的作用时间延长。由于锤击应力波峰的削减和作用时间的延长，能够有效地保护桩身和桩头的完整性。调查结果充分说明了这一点：采用老式替打沉桩的桩身和桩头都有不同程度的损坏，而采用碟簧桩帽沉桩的桩身和桩头全部完好无缺，特别是6 号桩连续锤击 399 次，干打深度达 4.64m，桩身仍保持完整。这对于老式替打来说是望尘莫及的。

（4）由表 3-4 和表 3-5 以及图 3-8 可知，采用碟簧桩帽沉桩时桩顶速度和加速度也小于老式替打。但图中的碟簧桩帽的加速度波峰反比老式替打高，这是因为 6 号桩的锤击次数多，干打深度大，则桩身阻力大，其速度值和加速度值理应比其他桩大，这也是0、2、3、4 号桩不能与之相比的原因。除此之外，沉桩条件完全相同的 2、3、4 号桩两种桩帽对比则知，采用碟簧桩帽沉桩的桩顶速度约降低 1/3，桩顶加速度约降低 1/6~1/3。这与以上桩顶应力降低的幅度基本相吻合。

（5）在第一批沉桩期间，施工单位试图将钢管桩干打到位。当锤击一阵之后，贯入度很快达到最小值，只好改为水冲法，最后再锤击一阵。因此，4 根锚桩不仅锤击数很多，而且贯入度也很大，特别是 2 号桩最终贯入度 63mm/击。这足以说明采用老式替打确实不能将大直径管桩沉入该地质区域的设计高程。在第二批沉桩中，采用碟簧桩帽不仅保持了 17 根大管桩沉桩的完整性，而且还能将 4 根钢管桩干打到位。二者对比说明，碟簧桩帽应用效果良好，达到了预期的目的。

（6）单桩垂直承载力分析。据实测的锤击力波和速度波，采用 Case 法计算最终 8 锤次的单桩垂直承载力，如表 3-7 所示。从表 3-7 中可知，单桩垂直承载力在 8385～9169kN 之间。

表 3-7　　　　　　　　　　　　　　　　单桩垂直承载力

锤次	3	4	5	6	7	8	9	10
$R_{u_{max}}$（kN）	8385	9003	9090	8865	8640	8728	9169	8483

3.7.3　结论

动静测试结果表明：大直径预应力混凝土管桩能承受锤击力，且桩体质量能满足设计垂直和水平承载力。管节质量检查结果为（平均值）：长度 400.4cm，内径 74.2cm，外径 100.8cm，预留孔径 3.8cm，壁厚 13.3cm，垂直度 0，预留孔直度 0，混凝土强度 67.04MPa，超过设计标准。由此可见，真空吸水、振动立式制桩完全可以达到水平旋转制桩的同等效果。

3.8　应 用 策 略

（1）大直径预应力混凝土管桩的制桩方法有两种，即复合法和立式法。这两种方法各有其优缺点。复合法适用于长江口和华东沿海地区；立式法适用于长江内河。因各有自己的制桩经验，这有利于保证制桩的质量，并且还有运输方便的优点。

（2）由于大直径预应力混凝土管桩是通过施加预应力并灌浆拼装而成的，故它所承受的开裂弯矩是有限的。因此，在搬运时其吊点位置十分重要，一定要通过理论计算确定，否则将产生重大损失。

（3）大直径预应力混凝土管桩的沉桩是一个很困难的工作，长江之底（武汉段）的河床为中密和密实的粉细砂，贯入击数是 15～58。根据以往沉桩的经验，即使硬打也只能打入约 1m 深度，完全干打到底是不可能的。本章的试桩实例说明，采用边冲水边锤击的沉桩工艺是可取的策略，加上碟簧桩帽辅助沉桩则效果更好。

第4章　搅拌桩的应用与工法优缺点

4.1　概　　述

采用深层搅拌桩（Deep Mixing Method）将地基土与固化剂在原位强制搅拌混合而成的加固体称为搅拌桩。固化剂可以是石灰或水泥以及其他工业废料。

搅拌桩具有下列特点：

（1）它是仅有少量挤土的非置换桩，施工时无振动，无噪音，不需泥浆护壁，不产生废水污染，无大量废土外运；它的挤土不同于打入式等挤土桩，主要是施工时水泥浆有一定压力，水泥浆压入地基后，在黏性土层中超孔隙水压力来不及消散，以致造成少量挤土现象。

（2）它的形状不一定呈独立的柱状，可以进行多个乃至无数个圆柱形的搭接组合。

（3）它的渗透性小，能防渗止水，为其他各种桩型所不及。

（4）当作为柱状桩时，布桩间距可稀可密，几乎不受限制。

（5）水泥掺入比可随工程需要和土的性质而变化，即使在同一根桩中也可在不同桩段采用不同的掺入比，从而形成强度有变化的桩体。

（6）它可以与其他桩型配合使用，从而共同形成复合地基或高强度复合地基，或分别发挥防渗止水和支挡抗弯作用。

（7）当桩身配有加劲材料时，它可以独立具有一定的竖向和横向承载能力，这意味着它并非只是柔性桩，也可设计成为刚性桩。

（8）它的施工速度较快，造价较低。

4.2　搅拌桩的适用类型

搅拌桩具有加固、支撑、支挡、止水和环境治理等多种功能，主要有以下几类用途：

（1）大面积地基处理。如港口海底软土和堆场地基、调整公路路基、铁路路基、机场跑道地基、建筑和厂房地基等。

（2）开挖支撑墙和抗隆起。用作高层建筑、工业、市政设施等深基坑和沟槽开挖的围护结构。在明挖地铁基坑中，通常在搅拌桩中插入型钢（SMW工法），以增加开挖深度。基坑底部的搅拌桩可防止土体隆起和增加两侧支护结构的被动土压力。在锚碇板桩墙前用搅拌桩可减小土锚应力并防渗止水。隧道盾构掘进中也采用搅拌桩来加固土体。

（3）截水墙和止水帷幕。用以稳定边坡、河岸、桥台或高填方路堤，或与钢板桩或钻孔灌注桩等柱列式支护结构组合进行挡土和止水。

（4）减轻液化。美国和日本在高地震的海岸砂土地区，通过网络状布置搅拌桩来阻止粉细砂土的液化。

4.3　搅拌桩的分类

搅拌桩按其所采用的固化剂材料的不同，主要分为水泥搅拌桩和石灰搅拌桩；按固化剂物理状态的不同，则分为粉体喷射搅拌桩和浆体喷射搅拌桩。

根据搅拌轴数目的不同，一次搅拌的单体截面有 O 形和 ∞ 形两类，前者由单搅拌轴形成，后者由双搅拌轴形成。国外尚有用 3、4、6、8 搅拌轴等形成的块状大型截面，以及由单搅拌轴同时做垂直向和横向移动而形成的长度不受制的连续一字形大型截面。

此外，还有加筋（劲）和非加筋（劲）之分。加筋（劲）桩是在水泥土搅拌桩中插入受拉材料，常用材料为 H 型钢。加筋（劲）工法主要为 SMW（Soil Mixing Wall）工法，它在日本东京大阪等软弱土层基坑支护中应用非常普遍，适应的开挖深度已达几十米，与装配式钢结构支撑体系相结合，工效较高。1994 年，同济大学会同上海基础工程公司把该工法首次应用于上海软弱地层（上海环球世界广场，基坑深 8.65m，桩长18m）取得了成功的经验，随着施工机械的发展，该工法正被推广使用。

4.4　施 工 机 械

我国自行设计制造或改制的水泥土搅拌桩专用施工机械已有多种型号，应用较多的有：

（1）SJB 系列双搅拌轴、中心管输浆式搅拌机，主要采用水泥浆为固化剂，也可采用水泥砂浆或掺入粉煤灰等工业废料为固化剂。

（2）GPP-5 型粉体喷射式搅拌机，主要用水泥干粉为固化剂，也可与灰浆泵相连而用水泥浆搅拌。

至于加筋水泥土搅拌桩，主要采用从日本引进的 SMW 工法三轴型钻掘搅拌机。

4.4.1　SJB 系列深层搅拌机

该机型由江苏江阴振冲器厂生产。SJB 系列深层搅拌机由下列各部分组成：

（1）电动机：采用充油式潜水异步电机。

（2）减速器：采用 2 级 2K-H 行星齿轮减速器。

（3）外壳：用钢板焊接而成，内装两台电机，陆上作业时用冷却水泵对潜水电机进行冷却，保证其安全。

（4）搅拌轴：由法兰及优质无缝钢管制成，其上端与减速器输出轴相连，下端与搅拌头相接，以传递扭矩。为适应不同加固深度和运输要求，搅拌轴每节长 2.50m。

（5）搅拌头：采用带硬质合金齿的二叶片式搅拌头，搅拌叶片直径 700mm。

（6）输浆管：它是整个主机的中心，主要作用是输送水泥浆及支承左右两根搅拌轴，其上端与外壳法兰接连，下端通过横向系板将两轴一管连成整体，输浆管由内管（输送水泥浆）及外管、法兰等组焊而成。

（7）单向球阀：为防止施工时软土涌入输浆管，在输浆口设置单向球阀。当搅拌机下沉时，球受水或土的上托力作用而堵住输浆管口；提管时，它被水泥浆推开，起到单向阀门的作用。

（8）横向系板：它将两根搅拌轴与中心管连接起来，以增强整机刚度。当土层软硬不均时，土体对搅拌叶片产生一定的侧向压力，横向系板能起约束作用。

（9）导向滑块：它沿导架滑动，使主机保持垂直下沉或上提。

除主机外，施工时尚需下列配套设备：

（1）灰浆泵：采用 HB6-3 型柱塞式，其技术规格见表 4-1。

表 4-1　　　　　　　　　　　**HB6-3 型灰浆泵技术规格**

输浆量（m^3/h）	工作压力（kPa）	输送距离（m）		电机转速（r/min）	电机功率（kW）	活塞往复（次/min）	排浆口内径（mm）	灰浆输送最佳稠度（cm）
		垂直	水平					
3	1500	40	150	1440	4	150	50	8~12

（2）灰浆拌制机：采用两台 200L 容积的拌制机，轮流供料。

（3）灰浆集料斗：容积应大于 0.4m^3。

（4）起吊桩架：起重能力应大于 10t，起吊高度应比所选定的搅拌机高度高 1~2m，提升速度 200~800mm/min，接地轮压应较小，以免陷入软土中；轨道式桩架纵横向均可移位，也可用履带吊。

（5）冷却水泵：可用小型普通离心泵。

（6）电缆：可用 YCW3×16~25+1×10 四芯橡套电缆。

（7）胶管：可用 2″~2.5″压力胶管。

（8）电力供应：线路容量应大于 250~200kW。

SJB 系列深层搅拌机的主要技术参数见表 4-2。

表 4-2（a）　　　　　　　　　**SJB-Ⅰ型深层搅拌机主要技术参数**

参 数		大小	参 数		大小
深层搅拌机	搅拌轴数量（根）	2	固化剂制备系统	灰浆搅拌机（台数×容量）（L）	2×200
	搅拌轴转数（r/min）	46		灰浆泵输送量（m^3/h）	3
	搅拌叶片外径（mm）	700~800		类浆泵工作压力（kPa）	1500
	电机功率（kW）	2×30		集料斗容量（m^3）	>0.4
	总重量（kW）	30			

续表

参　数		大　小	参　数	大　小
起吊设备	提升力（kN） 提升高度（m） 提升速度（m/min） 接地压力（kPa）	大于 100 小于 14 0.2~1.0 60	技术 指标	一次加固面积（m²） 最大加固深度（m） 加固效率（m/台班） 总重量（t） 电力供应（kV·A） 　 0.71~0.88 12 40 4.5 >100~150

表 4-2（b）　　　　**SJB30 型和 SJB 40 型深层搅拌机主要技术参数**

	参　数	SJB30 型	SJB40 型		参　数	SJB30 型	SJB40 型
1	电机功率（kW）	2×30	2×40	7	搅拌头直径（mm）	700	700
2	额定电流（A）	2×60	2×75	8	一次处理面积（m²）	0.71	0.71
3	搅拌轴转数（r/min）	43	43	9	加固深度（m）	10~12	15~18
4	额定扭矩（N·m）	2×6400	2×8500	10	外形尺寸 （主机）（mm）	950×482× 1617	950×482× 1737
5	搅拌轴数量（根）	2	2	11	总重量（主机）（t）	2.25	2.45
6	搅拌头距离（mm）	515	515				

4.4.2　GPP-5 型深层喷射搅拌机

该机原称 GPF-5 型，系铁道部第四勘测设计院与地矿部上海探矿机械厂合作研制成功，由上海探矿机械厂生产。

GPP-5 型深层喷射搅拌机由三大部分组成：

（1）粉喷主机（钻机），它是成桩的主要设备，安装在液压步履式底座上，接地压力 34kPa，包括井架、转动装置、变速箱、液压系统、蜗轮减速箱、转盘、钻杆及钻头、加减压装置及电气系统等。

钻头的标准直径为 500mm，其叶片形状能保证在反向旋转提升时对土体产生压密作用，不致使灰土向地面翻起而降低加固质量。

（2）粉体发送系统（粉体喷射机），包括灰罐、粉体发送器、电动葫芦、输送管道、主副空气压缩机、监控仪表、电气开关、阀门等。其工作原理是：利用空气压缩机提供风源，通过节流阀调节风量，进入气水分离器，然后以干风送至粉体发送器喉管，与转鼓输出的水泥粉或石灰粉相遇混合而成为气粉混合体，进入钻机的旋转龙头，经空心钻杆而喷入地层。由于影响粉体发送的因素甚多，例如：管道压力、料罐压力、管道风量、粉体本身的流动性等，故正确控制送粉量是一个复杂问题。

（3）空气压缩机，共需两台，其中一台是主空压机，采用 1.6m³/min；另一台是保证料罐压力的副空压机，采用 0.9m³/min。

由于气粉混合体只需克服喷粉口的土和地下水的阻力即能喷入土中，而另借搅拌叶片的作用使粉体与土混合，故空压机的压力不需很高，风量也不宜太大。

GPP-5 型深层喷射搅拌机的主要技术参数列于表 4-3。

表 4-3　　　　　　　　　　**GPP-5 型深层喷射搅拌机的主要技术参数**

参　　数			大　　小
主机	地基加固最大深度（m）		18
	标准型搅拌叶片直径（mm）		500、700
	转盘转速（正反）（r/min）		28、50、92
	转速 50r/min 时的扭矩（kW·m）		4.9
	给进提升能力（kN）		80
	提升速度（m/min）		0.5、0.8、1.5
	井架结构与高度（m）门型		14、17、20
	方钻杆尺寸（mm）		109×108×5500（或 7500）
	液压步履纵向单步行程（m）		1.2
	横向单步行程（m）		0.5
	重量（t）		10.6、11.0、11.2
	外形尺寸（m）		4.14×2.23×15.50
粉体喷射机	最大送粉量（kg/min）		100
	储料量（kg）		200
	给料方式		叶软吹送式
	送料管直径（mm）		50
	最大送粉压力（MPa）		0.5
	外形尺寸（m）	运输时	2.7×1.82×2.45
		工作时	3.7×1.82×5.02
	重量（t）		2.5

4.4.3　SMW 工法三轴型钻掘搅拌机

图 4-1 是我国上海、武汉等地从日本引进的 SMW 工法三轴型钻搅拌机的外貌、轮廓尺寸及钻杆形状。可以看到，钻杆有用于黏性土及砂砾土和岩层之分。此外，日本还有其他一些 SMW 工法的机型，可用于城市高架桥下等施工空间受限制的场合。表 4-4

是 SMW 工法机型的主要尺寸。

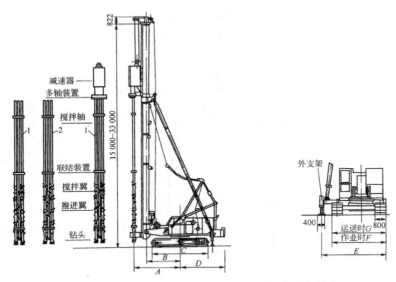

1—用于黏性土的钻头；2—用于砂砾土及岩盘的钻头

图 4-1　SMW 工法三轴型钻搅拌机

表 4-4 SMW 工法机型尺寸

机型	侧面尺寸（mm）				正面尺寸（mm）			
	A	B	C	D	E	F	G	总体接地面积（cm^2）
DH1068-120M	4510	3290	4950	5760	5314	4500	3350	83560
DH508-105M	4175	3550	4800	5520	5314	4380	3350	75108
D358-85M	4175	3500	4357	4920	5264	4000	3350	69600
DHP-80	4260	3115	3860	4980	3500	4010	3350	68510

4.5　施 工 工 艺

4.5.1　SJB 系列深层搅拌机

（1）定位。用履带起重机悬吊深层搅拌机到达桩位并对中。当地面高低不平时应使起重机保持平稳。如用桩架在轨道上就位，轨道应不断按要求移动调整。

（2）搅拌下沉。搅拌机冷却水循环正常后，启动搅拌机电机，放松起重机或桩架的钢丝绳，使搅拌机沿导向架切土搅拌下沉，使土搅松，下沉速度由电机的电流监测表控制，工作电流不应大于 10A。如下沉速度太慢，可从输浆系统补给清水以利钻进。

当搅拌机下沉至一定深度时，即开始按预定掺入比和水灰比搅拌水泥浆，并将水泥浆倒入集料斗备喷。

（3）喷浆搅拌提升。搅拌机下沉到设计深度后，开启灰浆泵，其出口压力保持 0.4~0.6MPa，使水泥浆自动连续喷入地基，搅拌机边喷浆边旋转并严格按已确定的速度提升，直至设计要求桩顶高程，集料斗中的水泥浆正好排空。

（4）重复搅拌下沉。为使已喷入土中的水泥浆与土充分搅拌均匀，再次将搅拌机边旋转边沉入土中，直至设计要求深度。

（5）重复搅拌提升。一般情况下即将搅拌机边旋转边提升，再次回至设计桩顶高程，并上升至地面，制桩完毕。当水泥浆掺量较大时，也可留一部分水泥浆在重复搅拌提升时喷用。对桩顶以下 2~3m 范围内或其他需要加强的部位，可在重复搅拌提升时增喷水泥浆。

（6）清洗。向已排空的集料斗注入适量清水，开启灰浆泵，清洗管道中残留的水泥浆，直至基本干净，同时将黏附于搅拌头的土清洗干净。

（7）移位。重复上述（1）~（6）步骤，进行下一根桩的施工。

4.5.2 GPP-5 型深层喷射搅拌机

它以干喷法施工为主，行走系统为液压步履式，移动转向都很方便。

（1）驱动液压步履机构，前后左右移动钻机，使钻头正确对准桩位，并保持垂直。

（2）开启主空压机，打开送灰管道，调整风量风压后送风，钻机正转给进，风压控制在 100~150kPa。

（3）钻头钻进至设计加固深度，钻机换挡，反向转动。

（4）开启副空压机，待料罐压力和送灰管压力已调试至正常（前者略大于后者 20~50kPa）后，开启发送器阀门进行喷粉及提升。

（5）钻头提升至设计桩顶高程后停止送粉，钻头换向旋转提升至地面，成桩完毕，钻机移至另一桩位。

在上述成桩作业过程中，一方面应根据地质条件合理选择钻机旋转速度、提升速度及喷粉流量，以保证喷粉均匀和搅拌充分；另一方面对桩顶 2~3m 以及其他需要加强的部位还可实施局部复搅复喷，以满足设计要求。

4.5.3 SMW 工法

SMW 工法是以三轴型或多轴型搅拌机向一定深度进行钻掘，同时在钻头处喷出水泥固化剂，与地基土反复搅拌，各施工单元重叠搭接施工，然后在水泥土混合体未结硬之前插入 H 型钢（或钢筋笼）作为其加筋材料，至水泥土结硬，以形成一道有一定强度和刚度的、连续完整的、无接缝的地下墙体。SMW 工法施工顺序如图 4-2 所示。

SMW 工法重叠搭接施工有三种方式，可视地质条件选用，参见图 4-3。图 4-4 表示砂土条件下典型的钻掘搅拌施工周期。

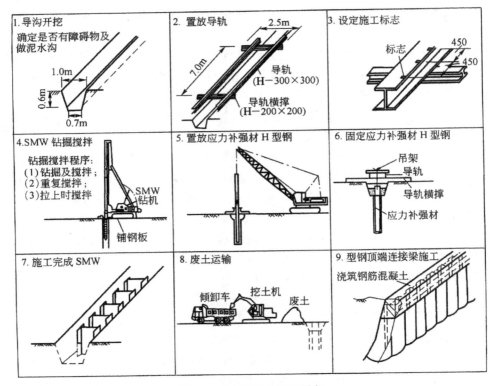

图 4-2　SMW 工法施工顺序

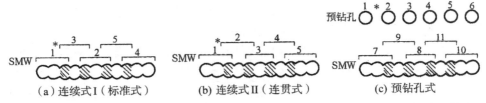

（a）连续式 I（标准式）　　（b）连续式 II（连贯式）　　（c）预钻孔式

（a）通常用于标贯 N 值小于 50 的土；（b）与连续式 I 相似，亦用于标贯 N 值小于 50 的土；（c）用于标贯 N 值大于 50 的极密实的土，或含有 $\phi100mm$ 以上卵石、漂石的砂砾层或软岩层。

注：①图上数字表示钻掘顺序；②图中阴影表示完全重叠搭接部分。

图 4-3　SMW 工法重叠搭接施工方式

采用 SMW 工法制成的地下墙体由于作为基坑围护结构应用，当基坑开挖后，一般不再具有任何作用。为此，我国工程界进行了将其中的型钢拔出回收加以重复利用的试验研究。上海隧道施工技术研究所的经验表示，此工艺取得成功的关键在于：

（1）在型钢插入水泥土之前，应在其表面涂以某种固体减摩材料（而不是油性或

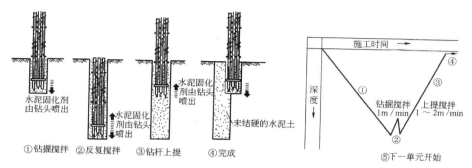

图 4-4　砂土条件下典型的钻掘搅拌施工周期

水性材料），以减少型钢与水泥土之间的拔出阻力；

（2）由于水泥土的强度随其龄期而增长，故应做好基坑开挖的工期安排，以便适时起拔；

（3）型钢插入时要确保其垂直度，尽可能做到依靠其自重插入，而避免冲击打入；

（4）要控制基坑变形，以免引起型钢发生变形。

4.5.4　施工管理注意事项

搅拌桩现场施工管理包括劳动组织、生产效率、安全技术和质保措施等内容，要建立和健全质保体系，并切实注意以下事项：

（1）当以水泥浆作固化剂时，浆体搅拌后应有防止其发生离析的措施；

（2）搅拌机预搅下沉时一般不宜冲水，只有遇较硬土层而下沉太慢时，方可适量冲水，并需考虑冲水对桩身强度的影响；

（3）施工中因故停浆（停粉）时，宜将搅拌机下沉至沉浆（停粉）点以下 0.5m，待恢复供浆（供粉）时再搅拌提升；

（4）当喷浆（粉）口到达桩顶设计高程时，宜停止提升，搅拌数秒，以保证桩头均匀密实；

（5）施工停浆（粉）面应高出桩顶设计高程 0.5m，待基础施工或帽梁施工时再将该多余部分凿除；

（6）桩与桩搭接的间隔时间不应大于 24h，如间隔时间太长，搭接质量无保证时，应采取局部补桩或注浆措施；

（7）当设计要求在桩体内插入加筋材料时，必须在搅拌成桩后 2~4h 内插毕；

（8）必须做好每一根桩的施工记录，深度记录误差应不大于 10mm，时间记录误差不大于 5s。

（9）作为基坑支护结构的桩体顶面设计要求铺筑施工路面时，应当尽早铺筑，并使路面钢筋与锚固钢筋连成一体。路面未完成前，基坑不得开挖。

4.6　施工质量改进措施

国外海上自动化程度很高的搅拌船，最大施工深度已达海平面下 70m，陆上加固深度也达 35m。在地基的四种主要加固方法（置换法、降水法、固化法和加筋法）中，灌浆法和搅拌桩法是固化法的代表，经常被使用，且认为是以上加固技术中最有效的技术。

国内搅拌桩加固深度多在 15m 左右，但时有质量事故发生。究其原因，主要是水泥土搅拌不均、施工质量欠佳所引起。从前面所述水泥土现场强度影响因素可见，搅拌桩最终成桩质量受多方面因素的影响，很多影响因素施工时难以定量控制，也难以定量监测。这给搅拌桩的管理和检测带来了一定困难。

本书对干喷和湿喷方式略做评述。从地基含水量的角度出发，干喷显然要好于湿喷，因为对大多数黏土来说，水泥土的强度与含水量成反比。室内配制试样的干喷水泥土强度均高于湿喷，这主要得益于室内试样的均匀搅拌。然而，现场实施时干喷法的搅拌程度与湿喷法并不一样，大多数情况下干喷时出灰孔容易堵塞，搅拌的均匀性比湿喷差。因此，湿喷法的加固效果总体高于干喷法。在国外，海上的搅拌桩都只使用湿喷，陆上则二者均有。国内干喷搅拌桩出现的质量问题比湿喷桩更多、更严重，以致有在局部地区遭到封杀的后果。

从国内事故工程中的搅拌桩桩身钻孔取芯结果可以看出，这些桩身常存在严重的水泥富集块，小则 1~5cm，大则在桩轴处形成一条水泥芯柱，而有的部位则很少有水泥浆；也有偷工减料、水泥掺量明显不足的案例。而搅拌桩的成功主要依赖于搅拌装置、水泥与土搅拌的均匀程度，因此导致现场水泥土桩身强度严重不足。

归纳国内搅拌桩普遍存在的水泥土搅拌不均、桩身不连续现象及过低的桩身强度，主要原因有三个方面：

（1）施工机械设备和工艺不合要求。主要表现在电机功率、转速、灌浆压力、叶片层数、喷浆提升速度、出浆口位置和方向。因为水泥浆和土搅拌次数越多，拌和越均匀，水泥土强度越高；反之，强度则越低。

（2）施工管理混乱。搅拌桩施工中个体企业很多，即使是国有企业中标的工程实际也多为个体户施工，水灰比、搅拌深度、桩身均匀性和连续性均无法保证。

（3）缺乏必要的检测手段。规范对搅拌桩的检测主要为轻便触探器钻取桩身水泥土样，而其检验深度只能达 3~4m。静载试验虽能给出桩的承载力，但不能给出全长桩身质量，且存在荷载作用面积小，时间短导致影响深度有限的问题。因缺少对桩身全长质量检测的方法，使得桩身水泥土很差的搅拌桩常能顺利通过最终的质量检测关。

就施工机械和工艺而言，突出的问题有：

（1）出浆口位置在搅拌轴上。浆液多集中在喷浆口的桩轴附近，叶片外缘缺浆，形成水泥浆富集。

（2）喷浆方式不合理。当前有下沉喷浆和提升喷浆两种形式，编者认为不宜在首次下沉切土搅拌时喷浆和最后一次提升时喷浆。因前者喷浆时土未搅碎，浆液不易向四周土体中扩散，出浆口处容易形成水泥浆芯柱，故必须要求在土体搅松之后再喷浆；后者喷浆后缺少必要的搅拌次数，易造成水泥土强度过低。

（3）喷浆后水泥土搅拌次数不足。这又包括如下几种原因：喷浆提升速度过快，搅拌次数不足；叶片数量过少；电机功率偏低；搅拌轴上下循环的搅拌次数偏少。

因此，许多工程中的搅拌桩成桩质量不合格，准确说仅上部 3~5m 土层中桩身质量合格，但由于软土地基上大多存在地表填土层或黏土硬壳层，它提供的桩侧摩力分担了桩顶部分荷载，其下桩身轴力迅速减小，以致在通常的设计荷载下，除造成建筑物沉降稍大外，并未发生破坏。同时，也应看到，还有相当多的多层建筑工程，用深层搅拌桩处理后失败，其原因绝大部分不是出在设计方面而是出在施工质量上。

针对前述产生搅拌桩质量问题的原因，建议做以下工艺改进：

（1）将搅拌叶片由 2 层 4 片增加至 3 层 6 片。各层叶片间互成 60°夹角，下面两层叶片应沿旋转时的切土方向适当倾斜。

（2）出浆口宜设在搅拌叶片中部，以克服搅拌轴底出浆方式易引起的搅拌不均。

（3）提升搅拌杆的卷扬机要采用调速电机，根据水泥土搅拌均匀的需要来控制提升的速度和喷浆量大小，实现桩身水泥掺量变配比要求。

（4）严格控制喷浆、提升速度不能过大，一般应控制在 0.6~0.9m/s。对三上三下的工艺，最后一次复搅提升速度为 0.5m/s 左右。

（5）变下沉喷浆为提升喷浆。下沉喷浆时存在因土体不均引起的浆液不合理分配：土愈硬，下沉愈慢，浆液愈多，水泥亦愈多；土愈软，水泥浆愈少。首次下沉的作用主要是搅松土体，给浆液切出渗透通道，并减少硬软土层间的阻力差异。

（6）增加喷浆次数。对规范二上二下工艺中仅第一循环提升喷浆方式，再增加第二循环下沉喷浆，以减少一次喷浆过多而造成的地表冒浆、局部水泥浆富集和搅拌不均现象。

（7）在桩底适当坐浆。当首次搅拌至桩底时，原地喷浆搅拌 1min，以克服搅拌桩中常出现的桩底搅拌不足和深度不够的问题。国外施工时大多有此程序，而国内做得很少。

（8）当桩长大于 15m 时应增加一次复搅。第一次搅拌下沉，喷浆提升；第二次搅拌下沉，喷浆提升；第三次搅拌下沉，搅拌提升（即三上三下工艺）。当桩长小于 15m 时，如工艺试桩时经各种改进后仍发现桩身搅拌不均，也可增加 1 次复搅。要使超长水泥土桩搅拌均匀，必须使喷浆后水泥土每点搅土次数大于 40。

（9）当桩长大于 15m 时，应将搅拌电机功率由 37kW 提高到 55kW，以保证搅拌轴的转速和叶片的切土能力。

（10）单轴搅拌时周围软土趋于与搅拌轴共同旋转问题的对策。对黏粒含量较高的软土，搅拌时会形成黏附于搅拌轴上并跟随叶片旋转的土团，导致搅拌不充分。这时可将上下层的叶片间距加大，或增加一组自由旋转的叶片，或采用双轴搅拌机（相邻轴反向旋转）。

4.7　工法应用优缺点

单搅拌轴：常用叶片直径为 500~600mm，一次搅拌的单体截面有 O 形或连续一字形大型截面。其优点是：叶片小，机具价格相对便宜，操作容易；缺点是：水泥土搅拌不均，有时会出现桩身不连续现象以及过低的桩身强度。还有时在搅拌轴和叶片上黏附有土团，导致搅拌不充分。因此，目前，单轴搅拌机应用很少。

双搅拌轴：常用叶片直径为 700~800mm，搅拌的截面有 ∞ 形。其优点是：主要采用水泥浆为固化剂，也有时采用水泥砂浆或掺入粉煤灰等工业废料为固化剂。搅拌均匀，质量好，变异小；缺点是：主机重，需要起吊设备和冷却水泵等。

多头搅拌轴（3~8 个）：常用叶片直径 1.0~2.0m，搅拌的截面有壁式或块状大型截面。其优点是：广泛应用于港口工程和堤防的截渗墙工程，叶片大，质量优良；缺点是：机体重、机具价格高，附属设备多。目前，应用较多的型号有 ZCJ-25 型，还有引进日本的 CDM 深层搅拌法，专用于船舶施工，加固码头岸壁，搅拌轴为四联式，叶片最大直径为 1.6m。

SMW 工法：从日本引进的 SMW 工法三轴型钻掘搅拌机，多用于地下连续墙或软弱土层基坑支护以及城市高架下等空间受限制的地方。优点是：功能多，除了能钻之外还能掘进，施工时采用多轴且全轴带叶片搅拌，并能在成桩后插入 H 型钢而形成加筋水泥土搅拌桩，施工质量好，工效高。缺点是：机体重、整机高、总体占地面积大，机具价格高。

4.8　工　程　实　例

以上海环球世界大厦基坑围护工程（国内首例采用 SMW 工法）为例。

4.8.1　工程与地质简介

上海环球世界大厦位于上海市中心静安寺愚园路万航渡路口，占地面积 3971m^2，建筑面积 4.5×10^4m^2，主楼地上 33 层，高 119m，地下 2 层，基坑面积 3500m^2，开挖深 8.6m，局部 11.0m。在开挖深度范围内，地层主要为淤泥质粉质黏土。

4.8.2　基坑围护与支撑

本工程场地狭小，周围环境复杂，工期紧，经多方案比较，最后选定基坑围护采用 3 排 ϕ700mm 水泥土搅拌桩，平面布置如图 4-5 所示，其中在临开挖面互相搭接的两排桩中采用 SMW 工法，间隔插入 H 型钢，从而形成加筋水泥土桩。搅拌桩的水泥掺入比为土重的 14%。

H 型钢高 800mm，翼缘宽 400mm，翼缘和腹板均厚 10mm。搅拌桩中 H 型钢的中心距为 1200mm，长 13.6m，插入基坑底面以下 5m。

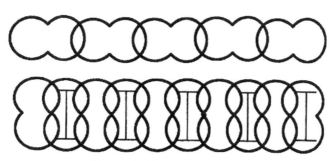

图 4-5 加筋水泥土桩示意图

内支撑采用一道 600mm×600mm 钢筋混凝土支撑，设在坑顶下 3.5m 处。在坑底 3m 深、距坑壁 6m 宽范围内注水泥浆加固。

设计中水土压力均由 H 型钢承担，水泥土的作用主要是防渗止水，并保持 H 型钢稳定。

4.8.3 施工技术要点

（1）由于本工程 H 型钢为薄腹薄翼型，且系自制，因此制作时应采用贴角满焊，并保证整体平整；吊装时不得发生扭曲变形；插入时必须准确定位，并严格垂直。

（2）搅拌桩施工后必须养护 45d 以上方可进行基坑开挖。

（3）在开挖过程中必须先设支撑（并达到设计强度 70%）后开挖，并不得超挖。

4.8.4 效果

本工程开挖时及开挖后基坑始终保持稳定，墙顶水平位移基本保持在 35mm 以内，周围沉降亦控制在 35mm 左右。

围护墙造价为 1.4 万元/m，比常规的地下连续墙（600mm 厚×18m 深）节省 44%；与钻孔灌注桩（φ850mm×18m）基本持平，但后者所需施工用地面积大，为本工程所不允许，且工艺比 SMW 工法复杂，工期也较长。

4.9 应用策略

（1）当加固淤泥、淤泥质土和含水量较高（地基承载力小于 120kPa）的黏土、粉质黏土、粉土等软土地基时，建议首选搅拌桩。当土中含高岭石、多水高岭石、蒙脱石等矿物时，可取得最佳加固效果。

（2）当地表杂填土厚度大且含直径大于 100mm 的石块或其他障碍物时，注意应先将其清除，之后再在其下土层中采用搅拌桩。

（3）对于旧城改造或建筑物和人口密集的场地建议首选搅拌桩施工。因为其施工时无振动、无噪声、无废水污染，基本对环境无影响。

（4）当遇到泥炭土或土中有机质含量较高，酸碱度（pH<7）及地下水有侵蚀性时，应慎重，最好通过试验确定是否采用。

（5）当土中含伊利石、氯化物和水铝英石等矿物以及土的原始抗剪强度小于 20～35kPa 时，搅拌桩施工加固效果较差，建议不采用。

第5章 异形桩的施工新技术

5.1 概　述

异形桩是指桩的截面形状或其施工工艺不同于常规桩的一些桩型。随着工程建设的发展和施工机械与工艺的不断创新,新的桩型被不断地开发出来。其中许多新桩型已经在多项工程中应用,在技术上较成熟,并具有一定的实用价值,适宜于推广的几种桩型,它们是壁桩、薄壁现浇管桩和钻孔咬合桩。本章将着重介绍钻孔咬合桩施工新技术。

壁桩(Barrette)也称为壁板桩、墙桩、矩形桩、条桩、巨形桩。它起源于法国,后在欧洲、美国、日本得到推广应用,尤其在日本,这项技术发展更快,在高层建筑、桥梁的基础上大量运用,从壁桩的形式、施工工艺到施工机具,从设计到科研,做了大量的工作,目前已处于领先地位,建立了多项专利技术。我国自 1993 年开始,先后在北京、天津、杭州等地在高层建筑、桥梁、高架路、立交桥等工程中应用壁桩以代替常规桩型,已取得了明显的技术经济效益。从发展趋势来看,在沿海经济发达地区,尤其像华南沿海地区,基岩埋藏较浅之处,应用壁桩的前景十分广阔。

壁桩的受力机理也如传统的桩一样,是通过桩周摩阻及桩端支承来承受上部结构传来的荷载。由于其截面较大,壁桩的承载力也较大。通常单桩抗压承载力可达 10~20MN。如地质条件允许,甚至可达 100MN。壁桩的水平向承载力也远大于常规的方桩或圆桩。当上部结构的水平荷载较大时,采用壁桩作为基础,更显示其长处。由于单桩承载力大,用桩数量可减少。当设计采用一柱一桩并实行逆作法施工时,不致因单桩承载力不够而限制上部结构的施工层数。

壁桩实际是地下连接墙,无非不作挡土用,它的截面形状,除了可做成矩形或"一"字形外,尚可做成"十"字形、"T"形、"L"形、"工"字形、"人"字形等,参见图 5-1。其中"一"字形因其两个方向刚度相差较大,常用于水平荷载不大的场合,其余形状的壁桩,受力性能较好,对工程的适应性也较强。图 5-1 中的壁桩,都是单体状的,有时为加强其有效刚度,将单体壁桩设计成连体状,则受力性能更好,图5-2 为连体状或组合式壁桩。图中有些在平面上看不出连成一体,但在立面上可用一块基础底板连成一体。

现浇混凝土薄壁管桩,是在地面将双壁钢管压入(或振入)土层中,然后在双壁空腔中灌入细石混凝土,在混凝土未凝结之前,将双壁钢管拔出,形成薄壁混凝土管

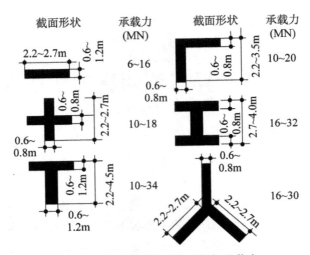

图 5-1　单体壁桩截面的形状与承载力

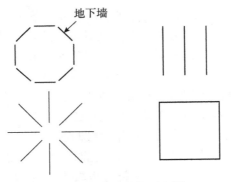

图 5-2　组合式壁桩示意图

桩。这是一种微量挤土的灌注桩，从理论上仅挤出双壁空腔的体积，而实际上土本身有一定的压缩，真正挤出的土体要小于理论体积。

薄壁管桩的壁厚为 100～150mm，混凝土强度根据需要选择 C25～C35，桩径为 1000～1500mm。

薄壁管桩挤土不明显，因此，对周围土体的加固作用不大，但作为上部结构的支承作用，将荷载传至持力层，以减少沉降是有用的。因设备、工艺等，目前能施工的单位不多，因而工程界尚未大量应用。但是，由于造价低廉、施工速度快，在沿海软土地区，作为浅层的地基处理手段，提高地基的承载力和减少上部结构的变形，仍不失为一种实用的桩基型式。

钻孔咬合桩是一种排桩，在平面上布置成相邻间互相搭接（桩圆周相嵌）而形成的钢筋混凝土"桩墙"，它用作建（构）筑物的深基坑支护结构。

钻孔咬合桩在欧洲、日本、新加坡及我国的香港、台湾等地区，已有多年的实绩，它被广泛应用于高层建筑的地下室、地下铁道车站及区间段、公共管沟、箱涵等基坑的围护结构以及水利工程防渗墙中。在国内应用居多的是在轨道交通建设中，深圳、广州、上海、北京、南京等大城市的地铁车站、区间段都选用其来作为基坑围护结构。

经过大量的工程实践，钻孔咬合桩在国内已成为一项较为成熟的支护结构形式，特别适用于有淤泥、流沙、地下水较丰富等不良条件的地层。

钻孔咬合桩桩墙与圆形桩或其他型式桩组合的桩墙有所区别，咬合桩的混凝土终凝发生在桩咬合以后，成为无缝的连接桩墙。它与普通钻孔排桩墙相比，大幅度提高了支护结构的抗剪强度和安全性，且具有良好的截水性能，不像普通钻孔排桩墙，因桩间不咬合，需在其后边设置专用的止水帷幕。钻孔咬合桩与地下连续墙功能基本相同，但又优于连续墙，主要表现在：

（1）配筋率较低。咬合桩通常是采用钢筋混凝土桩和素混凝土桩间隔布置的排列方式，大大地降低了支护结构的配筋率。

（2）抗渗能力更强。钻孔咬合桩是连续施工的，桩间不存在施工缝，而地下连续墙需分幅施工，接头处的施工缝往往是防渗的薄弱环节。

（3）施工灵活，由于钻孔咬合桩施工时可以根据需要转折变线，所以更适合于施工一些平面多变的几何图形或呈各种弧形的基坑。

钻孔咬合桩还有其独特的优点：

（1）采用全套管钻机，在施工过程中，始终有超前钢套管护壁，所以无需泥浆护壁，从而节约了泥浆制造、使用和废浆处理的费用，取出的土为原土，有利于工地的文明施工。

（2）扩孔（充盈）系数较小，因为在施工过程中始终有钢套管护壁，完全避免了孔壁坍塌，从而减小了扩孔（充盈）系数，减少了混凝土灌注量，经济优势明显。

钻孔咬合桩在"咬合"后形成的无缝连续桩墙，决定了其施工机具必须采用钢套管护壁的全套管钻机，并灌注超缓凝混凝土以及相适应的施工工艺。钻孔咬合桩特别适用于建筑物密集的城市，其不仅能降低工程造价，提高施工速度，切实保证支护结构的质量，而且有利于施工场地的文明整洁。

5.2 钻孔咬合桩的施工技术

5.2.1 工艺原理

钻孔咬合桩是采用全套管钻机孔施工，在桩与桩之间形成相互咬合排列的一种基坑支护结构（如图5-3所示），为便于切割，桩的排列方式一般为一条素混凝土桩（A桩）和一条钢筋混凝土桩（B桩）间隔布置，施工时先施工A桩后施工B桩，A桩混凝土采用超缓混凝土，要求必须在A桩混凝土初凝之前完成B桩的施工。B桩施工时采用全套钻机切割掉相邻A桩相交部分的混凝土，实现咬合（如图5-4所示）。根据土层的性质及使用要求，有时 A 桩也可用钢筋混凝土桩，此时为确保切割时不碰到钢筋，其保护层厚度必须大于咬合厚度。

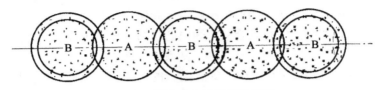

图 5-3　钻孔咬合桩平面示意图

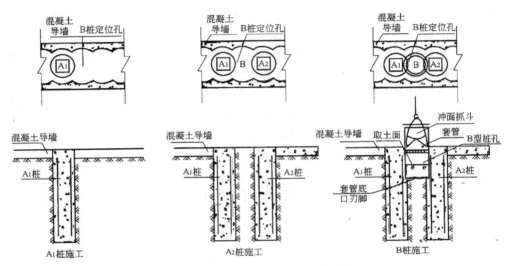

图 5-4　钻孔咬合桩施工工艺原理图

5.2.2　工艺流程及操作要点

1. 咬合桩单桩的施工工艺流程

咬合桩单桩施工工艺流程如图 5-5 所示，各道主要工序分述如下：

（1）导墙的施工：为了提高钻孔咬合桩孔口的定位精度并提高就位效率，应在桩顶上部施工混凝土导墙，按桩的中心线，测量放样后，就地现浇混凝土，强度等级 C25足够。

（2）钻机就位：待导墙有足够的强度后，移动套管钻机，使套管钻机抱管器中心对应定位在导墙孔位中心。

（3）取土成孔：先压入第一节套管（每节套管长度 6~7m），压入深度约 2.5~3.0m，然后用抓斗从套管内取土，一边抓土，一边下压套管，要始终保持套管底口超前于取土面且深度不小于 2.5m；第一节套管全部压入土中后（地面以上要留 1.2~1.5m，以便于接管）检测成孔垂直度，如不合格则进行纠偏调整，如合格则安装第二

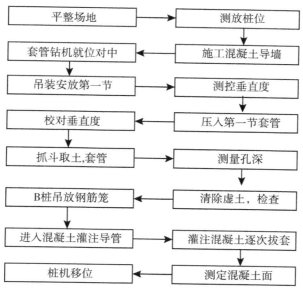

图 5-5 单桩施工工艺流程

节套管下压取土，循环前述过程，直到设计孔底标高。

（4）吊放钢筋笼：如为钢筋混凝土桩，成孔检查合格后进行安放钢筋笼工作。安装钢筋笼时应采取有效措施保证钢筋笼标高。

（5）灌注混凝土：如孔内有水时需采用水下混凝土灌注法施工；如孔内无水时则采用干孔灌注法施工。

（6）拔管成桩：一边浇筑混凝土一边拔管，应注意始终保持套管底低于混凝土面 2.5m 以上。

2. 排桩的施工工艺流程

总的原则是先施工 A 桩，后施工 B 桩，其施工工艺流程是：

$A_1 \rightarrow A_2 \rightarrow B_1 \rightarrow A_3 \rightarrow B_2 \rightarrow A_4 \rightarrow B_3 \rightarrow \cdots \rightarrow A_n \rightarrow B_{n-1}$，如图 5-6 所示。

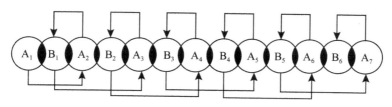

图 5-6 钻孔咬合排桩施工工艺流程

5.2.3 施工机具

钻孔咬合桩的施工机具，主要为摇管机（图 5-7）及出土用的冲击式抓斗（要配相

81

应的吊车），其他均为一般性通用设备，可参见表 5-1。

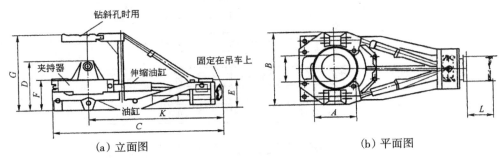

（a）立面图　　　　　　　　　　　　　（b）平面图

图 5-7　摇管机简图

表 5-1　　　　　　　　　　　　　　　主要机具设备表

序号	机具设备名称	型号及规格	用途
1	液压摇动式全套管钻机（配冲压式抓斗）	进口或国产（根据要求有各种履带吊车）	钻孔咬合桩成孔、混凝土灌注、钢筋笼安装
2	钢筋切割机	GQ40	钢筋加工
3	钢筋弯曲机	GW40	钢筋加工
4	钢筋对焊机	NU100	钢筋加工
5	电焊机	BX$_3$-500、AX-300	钢筋加工
6	反铲挖掘机	SK60	土石方清运、挖装
7	自卸大货车		土石方外弃
8	空气压缩机	VY-12/7	清孔及障碍物破除
9	装载机		材料、土石方等转运
10	履带吊车或汽吊	20t 以上	钢筋笼转运及安装
11	潜水泵		抽排水
12	清洗机		清洗上路车辆

（1）摇管机是携带有两个油缸的摇摆式装置，边来回转动套管边将套管（下口带有合金刀具）压入土中，在旋转与压入过程中，切割土体（A 桩施工时）或切割素混凝土（B 桩施工时），直至设计标高。表 5-2 列出了进口摇管机的规格尺寸。

表 5-2　　　　　　　　　　　　　　进口摇管机规格尺寸

成孔直径 A（mm）	1000	1500	1800	2000	2500	3000
机构宽度 B（mm）	2200	2700	3200	3500	4000	4500
机构长度 C（mm）	4850	6300	7500	7500	8800	9300
孔中心至连接点距离 K（mm）	3850	4800	5800	5800	—	—
机构高度 D（mm）	1520	1990	1960	1960	2500	2700
连接点高度 E（mm）	980	1030	1190	1190	1200	2050
夹持器高度 F（mm）	1100	1220	1410	1410	1900	2250
做斜桩时机构高度 G（mm）	2430	2900	—	—	—	—
放入衬垫后最小孔径 I（mm）	600	1000	1300	1500	2000	2500
连续部件伸缩范围 L（mm）	1000	1300	1800	1800	1800	—
最大顶升高度（mm）	520	620.6	270	670	700	920
套管摆动角度	28°	26°	24°	24°	26°	23°
前倾角	8°	8°	—	—	—	—
后倾角	8°	8°	—	—	—	—
最高油压（MPa）	32	32	32	32	32	32
最高工作压力（MPa）	25	25	26	26	31	31
顶升力（kN）	1290	2540	2840	2840	5150	5760
夹持力（kN）	1200	1960	1800	1800	3920	3920
镇定夹持力（kN）	360	640	800	800	2320	2320
扭矩（kN·m）	1280	2830	2950	3200	8200	9380

近年来，由于咬合桩应用技术不断发展，国产摇管机也应运而生，捷程公司生产的 MZ 系列摇管机，已成功地应用于多项工程，图 5-8 所示为该设备的草图。

各部件功能介绍如下：

①上钳口：磨桩时锁紧桩管；②下钳口：桩管从土中拔出时，锁紧桩管，使桩管不会因自重而下滑；③定位缸：推动下钳口动作；④提升缸（左右）：提长上钳口或底盘；⑤底盘：支撑和加载；⑥调节器缸：推动调节器杆，调节上钳口前后位置；⑦控制台：液压控制系统，控制各个油缸的工作；⑧滑箱：连接摇杆油缸及调节杆，使它们能前后、上下动作同步进行；⑨夹紧缸：推动上钳口，闭合或打开；⑩摇杆油缸：推动上钳口来回转动；⑪调节杆：调节上钳口位置。MZ 系列的各项参数见表 5-3。

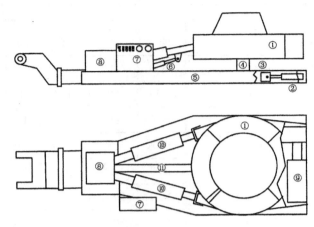

图 5-8　国产摇管机

表 5-3　　　　　　　　　　　　　　**MZ 系列摇管钻机主要技术参数**

性能指标		MZ-1	MZ-2	MZ-3
钻孔直径（m）		0.8~1.0	1.0~1.2	1.2~1.5
钻孔深度（m）		35~45	35~45	35~45
压管行程（mm）		550	650	600
摇动推力（kN）		1060	1255	1648
摇动扭矩（kN·m）		1255	1470	2650
提升力（kN）		1157	1353	1961
夹紧力（kN）		1765	1960	2255
定位力（kN）		294	353	490
摇动角度（°）		27	27	27
前后倾角（°）		8	8	8
钳口高度（mm）		450	550	550
功率（kW）		55	75	95
油缸工作压力（MPa）		35	35	35
外形尺寸（mm）	长度	4700	5500	6000
	宽度	2200	2500	2800
	高度	1500	1540	1600
质量（kg）	主机	14000	1800	28000
	液压工作站	2800	3200	3500

续表

性能指标	MZ-1	MZ-2	MZ-3
配合履带吊起重能力（kN）	≥147	≥196	≥363
锤式抓斗（kN）	20～25	25～35	35～50
十字冲锤（kN）	80	60～80	80～100

注：摇动推力、定位力分别为各自的两缸合力。

作为钻孔咬合桩的成孔及切割设备，除了摇管机外，像全套管钻机（它与吊车组合在一起，也可分开）也可施工钻孔咬合桩。

（2）套管也是钻孔咬合桩的主要施工设备。成孔时，它既起护壁作用，又要能切割未凝固或强度较低的混凝土，有单壁与双壁两种形式。后者刚度大，能传递较大的扭矩，深度或直径较大的咬合桩，一般均用双壁套管。

套管都是6～7m一节，为满足各种深度的咬合桩，往往都配有少量不同长度的管段。套管间的连接均用螺栓，这是易耗品。有时套管用久后，变形较大，在拔出后，螺栓极易咬死，不能轻易拆下，最终只能用氧气割除，需不断补充。为此，确保施工时的垂直度极其重要。有关套管的外形及性能参数见图5-9和表5-4。

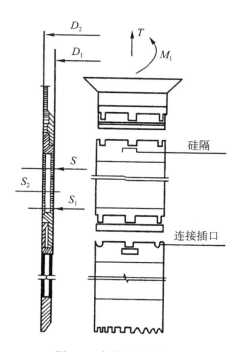

图 5-9　套管的性能参数

85

表 5-4 套管的规格及尺寸

规　格 尺　寸	600	800	1000	1200	1500	2500
外径 D_e（mm）	600	800	1000	1200	1500	2500
内径 D_c（mm）	520	700	900	1100	1400	2350
总厚度 S（mm）	40	50	50	50	50	75
内壁厚 S_1（mm）	6	6	8	8	8	12
外壁厚 S_2（mm）	10	12	12	12	15	20
键槽数	2	3	3	3	3	5
最大拉力 T	95	155	190	190	360	1140
最大扭矩（kN·m）	370	1050	1300	1600	2000	13500
接头部件重量（kg）	330	550	705	853	1070	2500
单位长度重量（kg/m）	230	375	525	695	885	1645

5.2.4　关键技术

1. 孔口定位误差的控制

为有效提高孔口的定位精度，应在钻孔咬合桩桩顶以上设置混凝土或钢筋混凝土导墙。导墙上定位孔的直径应比桩径大 20mm，如图 5-10 所示。钻机就位后，将第一节套管插入定位孔并检查调整，使套管周围与定位孔之间的空隙保持均匀。孔口定位允许误差见表 5-5。

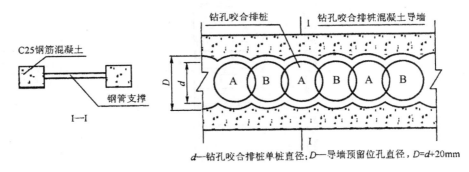

图 5-10　咬合桩导墙平面布置

表 5-5	孔口定位允许误差		（单位：mm）
桩 长 咬合厚度	10m 以下	10～15m	15m 以上
100mm	±10	±10	±10
150mm	±15	±10	±10
200mm	±20	±15	±10

2. 桩的垂直度的控制

为了保证钻孔咬合桩零部件足够厚度的咬合量，除对其孔口定位误差严格控制外，还应对其垂直度进行严格控制，根据《地下铁道工程施工质量验收标准》 （GB/T 50299—2018）规定，桩的垂直度标准为3‰，否则咬合桩会脱开，造成脱开部分渗水，如图 5-11 所示。

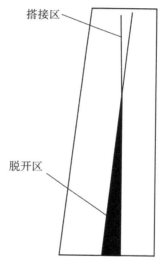

搭接区

脱开区

图 5-11 咬合桩脱开

关于咬合桩的垂直度的控制有下列一些措施：

（1）套管的平直度检查和校正。

钻孔咬合桩施工前在平整地面上进行套管平直度的检查和校正，首先检查和校正单节套管的平直度，然后将按照桩长配置的套管全部连接起来，套管平直度偏差控制在 1‰～2‰。

（2）成孔过程中桩的垂直度监测和检查。

①地面监测：在地面选择两个相互垂直的方向采用线锤监测地面以上部分的套管的垂直度，发现偏差随时纠正。这项检测在每根桩的成孔过程中应自始至终坚持，不

能中断。

②孔内检查：每节套管压完后安装下一节套管之前，都要停下来用"测环"或"线锤"进行孔内垂直度检查，不合格时需进行纠偏，直至合格才能进行下一节套管施工。

③纠偏：成孔过程中如发现垂直度偏差过大，必须及时进行纠偏调整，纠偏的常用方法有以下三种：

a. 利用钻机油缸进行纠偏：如果偏差不大或套管入土不深（5m 以内），可直接利用钻机的两个顶升油缸和两个推拉油缸调节套管的垂直度，即可达到纠偏的目的。

b. A 桩纠偏：如果 A 桩在入土 5m 以内发生较大偏移，可先利用钻机油缸直接纠偏，如达不到要求，可向套管内填砂或黏土，边填土边拔起套管，直至将套管提升到上一次检查合格的地方，然后调直套管，检查其垂直度合格后再重新下压。

c. 桩的纠偏：B 桩的纠偏方法与 A 桩基本相同，唯一的不同之处是不能向套管内填砂或黏土而应填入与 A 桩相同的混凝土，否则有可能在桩间留下土夹层，从而影响排桩的防水效果。

3. 咬合厚度的选择

相邻桩之间的咬合厚度 D 根据桩长来选取，桩越短咬合厚度越小（但最小不宜小于 100mm），桩越长咬合厚度越大，可按下式确定：

$$D = 2(kl + q) \tag{5-1}$$

式中：l——桩长；

k——桩的垂直度；

q——孔口定位误差容许值；

D——钻孔咬合桩的设计咬合厚度。

4. A 桩混凝土缓凝时间的确定

A 桩混凝土缓凝时间应根据单桩成桩时间来确定，单桩成桩时间又与地质条件、桩长、桩径和钻机能力等有直接的联系。一般情况下，A 桩混凝土缓凝时间可根据以下方法来确定：

$$T = 3t + K \tag{5-2}$$

式中：T——A 桩混凝土的缓凝时间（初凝时间）；

K——储备时间，一般取 1.0t；

t——单桩成桩所需时间。

5. 如何克服混凝土侧向涌入

如图 5-12 所示，在 B 桩成孔过程中，由于 A 桩混凝土未凝固，还处于流动状态，A 桩混凝土有可能从 A、B 桩相交处涌入 B 桩孔内，称之为混凝土的侧涌，克服这类现象，有以下几种方法：

（1）A 桩混凝土的坍落度应尽量小一些，不宜超过 18cm，以便于降低混凝土的流动性；

（2）套管底口应始终保持超前于开挖面一定距离，以便于造成一段土塞，阻止混

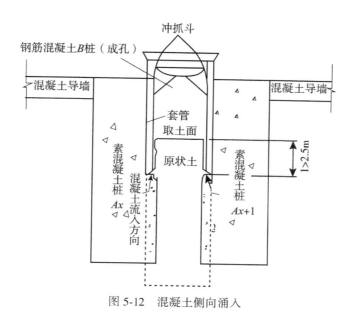

图 5-12 混凝土侧向涌入

凝土的流动，如果钻机能力许可，这个距离越大越好，但至少应大于 2.5m；

（3）如有必要（如遇地下障碍物套管底无法超前时）可向套管内注入一定量的水，使其保持一定的反压力来平衡 A 桩混凝土的压力，阻止 A 桩混凝土侧向涌入的发生；

（4）B 桩成孔过程中应注意观察相邻两侧 A 桩混凝土顶面，如发现 A 桩混凝土下陷应立即停止 B 桩开挖，并一边将套管尽量下压，一边向 B 桩内填土或注水，直到完全制止住侧向流入为止。

6. 遇地下障碍物的处理

套管钻机施工过程中如遇地下障碍物，处理起来比较容易，但在施工钻孔咬合桩要受时间的限制和防止侧向混凝土的涌入出现，地下障碍物的处理，毕竟会耽误一定的时间。因此，在进行钻孔咬合桩施工前，必须对地质情况进行认真分析，制定详细施工方案，做好成孔试验，否则会导致工程失败。对一些比较小的障碍物，如卵石层、体积较小的孤石等，可以先抽干套管内积水，然后再吊放作业人员下去将其清除即可。对于大的障碍物如混凝土块、地下废弃管段、木桩或混凝土桩、人防等，应预先清除后再施工。

7. 克服钢筋笼上浮的方法

由于套管内壁与钢筋笼外缘之间的空隙较小，因此在上拔套管的时候，钢筋笼将有可能被套管带着一起上浮。其预防措施主要有：

（1）B 桩混凝土的骨料粒径应尽量小一些，不宜大于 25mm；

（2）在钢筋笼底部焊上一块比钢筋笼直径略小的薄钢板以增加其抗浮能力；

（3）必须安放钢筋笼导正器；

（4）混凝土灌注必须按操作规程进行。

8. 分段施工接头的处理

往往一台钻机施工无法满足工程进度，需要多台钻机分段施工，这就存在与先施工段的接头问题。采用砂桩是一个比较好的方法，如图 5-13 所示。在施工段与段的端头设置一个砂桩（成孔后用砂灌满），待后施工段到此接头时挖出砂灌上的混凝土即可。

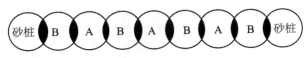

图 5-13　分段施工接头的处理

9. 事故桩的处理

在钻孔咬合桩施工过程中，因 A 桩超缓混凝土的质量不稳定，出现早凝现象或机械设备故障等原因，造成钻孔咬合桩的施工未能按正常要求进行而形成事故桩。事故桩的处理主要分以下几种情况：

（1）先完成桩（A）已凝固，B 桩无法咬合。

如图 5-14 所示，B 桩成孔施工时，其一侧 A_1 桩的混凝土已经凝固，使套管钻机不能按正常要求切割咬合 A_1、A_2 桩。在这种情况下，宜向 A_2 桩方向平移 B 桩桩位，使套管钻机单侧切割 A_2 桩，与 A_1 桩相切，并在 A_1 桩和 B 桩外侧另增加一根旋喷桩作为防水处理。

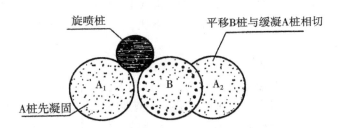

图 5-14　先完成桩（A 桩）已凝固的处理

（2）背桩补强。

如图 5-15 所示，B_1 桩成孔施工时，其两侧 A_1、A_2 桩的混凝土均已凝固，在这种情况下，则放弃 B_1 桩的施工，调整桩序继续后面咬合桩的施工，以后在 B_1 桩外侧增加三根咬合桩，在原 B_1 桩位，用旋喷桩补强并代替止水。在基坑开挖过程时将 A_1 和 A_2 桩之间的夹土清除，喷上混凝土即可。

（3）预留咬合企口。

如图 5-16 所示，在 B_1 桩成孔施工中发现 A_1 桩混凝土已有早凝趋向但还未完全凝固，此时为避免继续按正常顺序施工造成事故桩，可及时在 A_1 桩右侧施工一砂桩以预

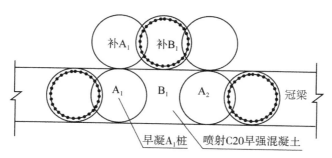

图 5-15　咬合桩背桩补强示意图

留出咬合企口，待调整完成后再继续后面桩的施工。

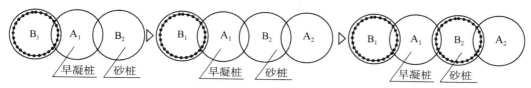

图 5-16　预留咬合企口示意图

10. 超缓凝混凝土

钻孔咬合桩施工时，超缓凝混凝土能否保证供应，并确保质量，决定了钻孔咬合桩施工的成败。因此，超缓凝混凝土的施工是钻孔咬合桩施工的一项关键技术。

（1）超缓凝混凝土的技术参数。

为了满足钻孔咬合桩施工工艺的需要，超缓凝混凝土必须达到以下技术参数的要求。

①A 桩混凝土缓凝时间≥60h，具体确定的方法如下：

a. 测定时间。

单桩成桩所需时间 t，不同的工程条件是不一样的，应根据工程具体情况和所选钻机的类型，在现场做成桩试验来测定。最终按测定的结果，并适当留些余地，定出实际的 t，一般情况下 $t = 12 \sim 15h$；

b. 确定 A 桩混凝土缓凝时间 T。

按前述式（5-2）确定 T。

②混凝土坍落度：16～18cm。

确定原则是：

a. 水下混凝土灌注的需要；

b. 需考虑防止混凝土侧向涌入；

c. 混凝土坍落度随时间的损失曲线应尽量陡一些，即坍落度损失的快一些，以防止混凝土侧向涌入。

③混凝土的 3d 强度值 R_{3d} 不大于 3MPa。

其作用是：在施工过程中遇到意外情况（如设备故障等）时，会耽误时间，以致在 A 桩混凝土终凝后才施工 B 桩，这时如混凝土早期强度不高，对 A 桩咬合部分混凝土的处理，比较方便。

（2）超缓凝混凝土的配合比。

应按上述参数要求，根据供应的骨料，由供应商试配，经试验后能满足这些参数，方能投入生产。只有在超缓凝混凝土供应落实后，才可以正式开始钻孔咬合桩的施工。

在施工中应注意做到：

①每车混凝土在使用前必须由检验员检查其坍落度及观感质量是否符合要求，坍落度超标或观感质量太差的坚决退回，决不使用。

②每车混凝土均取二组试件，监测其缓凝及坍落度损失情况，直至该桩两侧的 B 桩全部完成为止，如发现问题及时反馈信息，以便采取应急措施。

③按规范要求取试件检查混凝土最终强度，结果必须满足设计要求。

5.3　工　程　实　例

5.3.1　实例 1：杭州武林门旅游客运中心改建工程

杭州市武林门旅游客运中心改建工程面积约 57m×62m，南侧用地红线范围内有城市污水管（一期污水干管），管径 1500mm，埋深 1.2m。红线外即为环城北路人行道及车道，道路下埋设有 300mm 及 900mm 直径自来水管（埋深 1.2m），200mm 直径煤气管道（埋深 1.4m），电力管线（埋深 0.7m），400mm 直径雨水管（埋深 1.7m）等管线。基坑西侧建筑距离一期围护体最近处约 6.6m。东侧一幢两层售楼部距离一期周护体最近处约 14.6m。基坑其余范围为运河，河水常年稳定，水位标高为 1.470m（绝对标高），河床底标高最深约 −2.100m（绝对标高）。

主楼范围作为一期工程先行实施，一期工程基坑设计开挖深度分别为 12.1m，13.2m，中间局部深坑最深处为 16.1m，确定采用钻孔咬合桩并结合三道混凝土内支撑作为基坑挡土结构和防渗帷幕。

钻孔咬合桩直径 ϕ1000mm，咬合厚度 300mm，钻孔咬合桩采用一根素混凝土桩和一根钢筋混凝土桩相互咬合的施工工艺，钢筋混凝土桩混凝土强度等级为 C30，钢筋采用焊接，素混凝土桩是混凝土强度等级为 C15 的超缓凝混凝土。

机械设备：MZ-2 型捷程牌全套管钻机 3 套。

基坑工作程的特点：

（1）基坑影响深度范围内的地基土主要为填土、淤泥质土。填土组成复杂，局部范围厚度达 8m；且部分地下室将建在运河中，运河河堤范围存在较多的抛石等障碍物；

（2）该工程开挖深度超过 12m，局部电梯井处达 16.1m，基坑开挖的影响范围相应比较大；

（3）周边距离用地红线均比较近，四周红线外均为道路或已有建筑物，道路下埋设有大量的市政、电力、煤气等管线，包括一期污水干管；

（4）由于基坑位于环城北路与运河之间，两侧的土压力不平衡，围护设计应对基坑的整体移动予以充分考虑。

合计实际围护体长度为 6789.8m，平均桩长 19.51m，合计桩数 348 根，工程量约为 5330m³。基坑开挖后，支护及止水效果良好。

5.3.2 实例2：南京火车站站前广场隧道钻孔咬合桩工程

南京火车站站前广场工程是 2003 年南京市重大城市基础设施建设项目，由两部分组成：一是龙蟠路老隧道的改造；二是龙蟠路新建隧道，即在老隧道南侧，距老隧道 2.0m 处，新建一条与之相平行的隧道，新建隧道支护净宽 13.0m，支护总长 440 余米，基坑挖深 8~11.5m。基坑支护结构采用钻孔咬合桩挡土及止水。

钻孔咬合桩设计：由于新建龙蟠路隧道距玄武湖较近，距湖边仅数米，且过往车辆不断，设计支护方案采用钻孔咬合桩挡土兼止水。桩径分别为 φ1000mm 与 φ800mm 两种，除隧道上跨地铁 1 号线盾构隧道与泵房段采用 φ1000mm 钻孔咬合桩外，其余均采用 φ800mm 钻孔咬合桩，钻孔咬合桩桩型分 A、B 两类，A 型桩为素混凝土桩，混凝土强度等级为 C15，B 型桩为钢筋混凝土桩，混凝土强度等级为 C25，B 型桩与 A 型桩间隔布置，咬合厚度为 200mm，桩中心距分别为 800mm（φ1000mm）与 600mm（φ800mm），钻孔咬合桩桩长根据基坑开挖深度分为 6 种类型：φ1000mm 桩，桩长 22.0m；φ800mm 桩，桩长分别为 16.5m、13.5m、12.5m、11.5m、11m。

钻孔咬合桩工程量：合计桩数 1244 根，φ1000 桩，3705.56m³；φ800 桩，6426.69m³。

主要机械设备配置：捷程牌 MZ-1、MZ-2 型全套管钻机 5 套。

施工难点及解决方法：部分地段在 9m 位置是强风化岩层，需入岩 1m，施工难度较大。对策是施工至强风化岩层后用"十"字冲锤将其击碎后取出，直至要求的标高。

基坑开挖后，经过近 11 个月的监测，坑壁无渗漏，最大侧向位移 13mm，完全满足设计要求。

主要结论如下：

（1）使用钻孔咬合桩挡土、止水，可完全解决在玄武湖边近距离施工深基坑支护的止水难题。

（2）本工程处在非均质、低强度的淤泥质土层中，对强度低、稳定性差、易液化、成孔时易发生塌孔、管涌和套管偏位的不利条件，钻孔咬合桩较能适应。即使基岩面起伏较大的强风化岩，用钻孔咬合桩也是很适应的。

（3）在玄武湖边近距离开挖及重型车辆频繁从基坑边通过，且动荷载过大的不利工况下，用钻孔咬合桩组成的基坑围护结构，能保证基坑的安全。

5.4 试桩实例

5.4.1 静载试验

图 5-17 为 0#桩的静力压载 P-S 曲线，其中虚线代表空心桩的测量结果，而实线代表的是桩底灌注了 6m 混凝土桩的测量结果。由于锚桩发生位移，在这两次试验中均未破坏状态。终止荷载分别是 9100kN 和 8700kN，相应的沉降是 51.87mm 和 42.898mm。根据最大曲率点法，计算所得的桩的极限荷载是 9960kN，远远超过设计容许荷载5000kN。

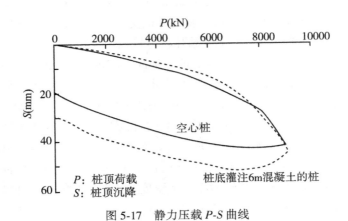

图 5-17 静力压载 P-S 曲线

5.4.2 拔桩试验

图 5-18 是拔桩试验的 P-S 曲线，从图可见终止荷载是 1784kN，相应的沉降是58.358mm。与设计拔桩荷载（4200kN）有巨大的差距。这与桩侧摩阻力分布和沉桩方法有关，而与桩身质量无关。

5.4.3 水平承载力试验

水平承载力试验结果见表 5-6，其中最大弯矩和土反力由桩的位移曲线推求。由此可知桩体最大弯矩在 2m 深处，代表零位移的反曲率点在泥面以下 5m 深处。随着水平荷载的增加，反曲率点向下移动。因而最大弯矩点不可能与反曲率点重合。设计的最大弯矩为 480kN，水平荷载是 58.8kN，接近于试验荷载。

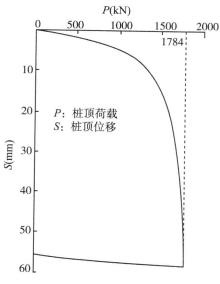

图 5-18　拔桩试验的 *P-S* 曲线

表 5-6　　　　　　　　　大直径管桩水平承载力的试验结果

水平荷载（kN）	桩端位移（mm）	泥面位移（mm）	最大弯矩（kN·m）	土反力（MPa/m）
19.55	4.67	1.63	—	—
39.10	26.06	6.36	315.78	0.0147
48.88	34.35	8.06	422.91	0.0192
58.68	45.79	11.70	543.96	0.0278

5.5　应　用　策　略

（1）壁桩的持力层深度必须控制，建议每根桩成槽结束后必须测量深度，以确保壁桩置于设计的持力层上。

（2）当地层中有厚的砂层，或持力层是硬黏土时，建议不要采用灌壁现浇混凝土管桩，因为沉管进入土层的深度有限。

（3）当遇到淤泥、流沙、地下水较丰富等不良条件的地层时，建议采用钻孔咬合桩。目前，钻孔咬合桩广泛应用在地铁车站等的深基坑支护结构中。

第6章　可控刚度桩筏基础的设计与应用

6.1　概　　述

随着我国基础建设的大力推进，桩基础这一古老的基础形式得到前所未有的广泛应用和发展。作为桩基础主要应用形式之一的桩筏基础，近年来同样发展迅速，桩筏基础是指桩与承台共同承受上部结构荷载的基础形式，具有基础整体性好、抗弯刚度大、适应性广且便于实现桩土共同作用，充分利用地基土承载力等优点。

常规桩筏基础桩-筏之间直接刚性连接，其整体刚度由筏板刚度和桩基支承刚度决定。如为满足使用要求需调节桩筏刚度时，筏板刚度可通过调整筏板厚度来实现，但往往造价较高、代价较大；桩基支承刚度则可通过改变桩长、桩径以及桩距等方法来调整，但不同桩径、不同桩长的布桩方式受上部结构形式和地质条件的影响较大，应用范围受到相当大的限制。为实现经济、有效地根据需要调整桩筏基础的整体刚度，南京工业大学近年来提出可控刚度桩筏基础的创新概念，通过在桩顶与筏板之间设置专门研制的刚度调节装置来调整、优化桩筏的支承刚度。

可控刚度桩筏基础使人为有效、经济地干预桩筏基础的整体刚度成为了可能，同时极大地拓展了桩筏基础的应用领域。从目前的研究成果来看，可控刚度桩筏基础至少可有效解决以下技术难题：

（1）桩基支承刚度较大，建筑物基底地基土承载力较高，具有较高的利用潜力，需考虑桩、土共同作用的情况。

（2）以减小差异沉降和筏板（承台）内力为目标的变刚度调平设计；

（3）考虑建筑物废旧桩基的承载潜力，新、旧桩基共同承担上部结构荷载的情况；

（4）特殊地质条件如建筑场地基岩面起伏较大或缺失以及土岩组合地基等地基土支承刚度严重不均匀，而需建设高层建筑的情况；

（5）上述两种或多种情况的组合。

迄今为止，可控刚度桩筏基础已应用于广东、福建、贵州等地 100 余幢、近 200 万平方米的高层及超高层建筑，建筑物最大高度达 155m，基础部分造价和工期平均节约率分别达 40% 和 30% 以上，取得了显著的经济效益和社会效益。可控刚度桩筏基础工程实践、专利产品以及设计理论经国内多位知名专家领衔的专家组鉴定，均认为科技成果达国际领先水平。

6.2　刚度调节装置的研制

6.2.1　被动式刚度调节器的研制

　　要满足可控刚度桩筏基础中对桩基支承刚度进行有效调节的要求，刚度调节装置必须具有"大吨位"以及"大变形"的特点。目前市场上没有能满足上述要求的专门产品，组合碟簧以及橡胶支座可满足要求，但造价昂贵，构造复杂。本书编写者等自主开发了一种基于特种钢材和橡胶，专门用于调节桩基支承刚度的调节器（专利产品），该调节器完全满足"大吨位""大变形"的要求，且具有质量可靠、性能稳定、价格适当、施工方便的优点，可单独使用，亦可多个并联或串联使用，以获得所需的接触刚度，从而满足接触力和接触变形的要求。

　　图 6-1 为专门研制的刚度调节装置典型力-位移曲线，从中可以看出受力曲线呈现明显的线性和分段线性的特征，方便其在实际工程中的使用。图 6-2 为研制成功的刚度调节器外观。

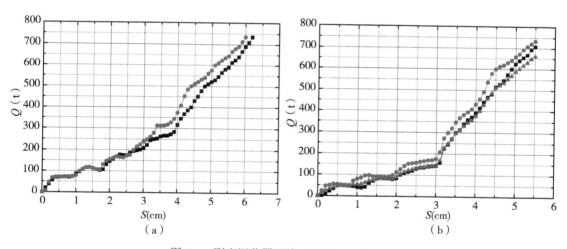

图 6-1　刚度调节器压缩试验典型受力曲线

　　上述刚度调节器系在施工前根据承载和变形调节需要设置的调节刚度，一旦设置及安装，便无法再对刚度进行调整，调节器变形只能被动地根据承受荷载和设定的刚度产生，使其合理地应用并一定程度地依赖于设计计算的准确性，因此又可称为被动式刚度调节器。

6.2.2　主动式刚度调节器的研制

　　主动式刚度调节器是在现有被动式刚度调节器的基础上提出的一种能够对其刚度随

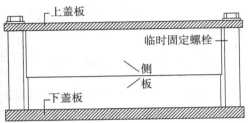

图 6-2　被动式刚度调节器外观

时进行人为调整和控制的刚度调节装置，其模型外观和构造示意如图 6-3 所示。主动式刚度调节器主要由射流器和储砂桶两部分组成，其作用原理是：调节器工作时，有压流体（通常为水）通过射流器，在储砂桶底部形成负压，负压使得桶内砂向射流器内流动并被水流携带走。这样可以通过人为控制有压流体的流速来控制出砂体积和速度，从而实现调节器变形的人为即时控制。

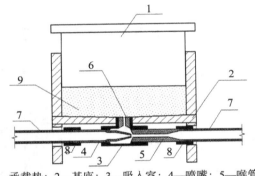

1—承载垫；2—基座；3—吸入室；4—喷嘴；5—喉管；
6—吸入口；7—外接水管；8—对接螺帽；9—工作砂

图 6-3　主动式刚度调节器外观

为验证主动式调节器是否能满足工程需要，专门设计了一套试验系统（示意图如图 6-4 所示）对其进行了试验。试验系统主要由以下部分组成：（a）控制面板；（b）反力架；（c）增压泵；（d）位移百分表；（e）加载设备；（f）工作砂，具体如图 6-5 所示。其中特别需要说明的是，工作砂的选取需要考虑几个方面的因素：①工作砂必须颗粒规则（近于球状），颗粒粒度成分较集中（可通过标准筛进行筛取）；②工作砂不能含有其他金属矿物杂质，以防止长期浸于水中发生氧化变质；③粒径大小需通过试验确定，不能太大或太小。粒径太大则流动性差，容易在管道中沉积发生堵塞，还会堵住射流器内部的孔口，影响正常使用。粒径太小，在射流器没有工作的情况下也可能发生流动，影响刚度调节器的稳定性和自持能力。综合考虑，本试验选用高纯度石英砂

（图 6-5（f）所示）作为颗粒材料。经筛选取用 3 种不同的粒径范围，即 0.08mm（190目）~ 0.125mm（120 目）、0.25mm（65 目）~ 0.315mm（55 目）、0.45mm（32目）~ 0.56mm（40 目）。

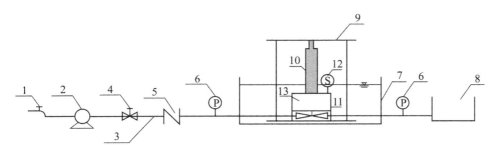

1—水源；2—增压泵；3—连接管；4—阀门；5—流量计；6—压力计；7—水槽；
8—积砂槽；9—反力架；10—千斤顶；11—位移调节器模型；12—变形百分表；13—工作砂

图 6-4　试验系统示意图

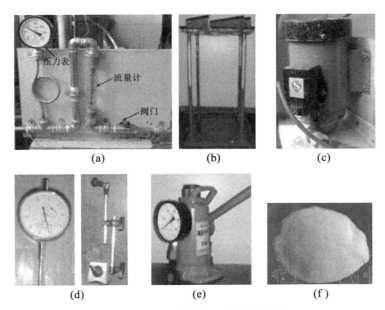

（a）　　　　　　　　（b）　　　　　　　　（c）

（d）　　　　　　　（e）　　　　　　　（f）

图 6-5　试验系统装置、仪器及材料

分别对主动式刚度调节器进行了静态稳定试验和动态调节试验：

（1）静态稳定试验是指主动调节功能未开启时刚度调节器在荷载作用下的长期稳定性。为模拟调节器的实际工作状态，试验时刚度调节器完全浸于水中，施加荷载由千斤顶和反力架提供。荷载总大小为 100kN，分为 12.5kN、25kN、50kN、75kN、100kN共 5 个等级进行加载。试验用石英砂，分别采用 3 种规格（d_s = 0.1mm、0.3mm、

99

0.5mm）。图 6-6 为 $d_s = 0.5$mm 规格石英砂调节器的 Q-S 曲线，可以看出，加载初期，调节器变形迅速增大，石英砂被压缩，加载后期，变形增加缓慢并逐渐收敛，当荷载增大到 100kN 时，总变形大约为 1.6mm 左右。图 6-7 为 100kN 荷载作用下调节器 S-t 曲线，可以看出，加载完成后短暂时间内，调节器变形已完成且基本为石英砂压缩变形，同时在较长时间内变形不再增加。以上两点试验结果进一步说明，当变形调节功能未开启时，主动式刚度调节器能保证在较大荷载作用下的长期稳定性。

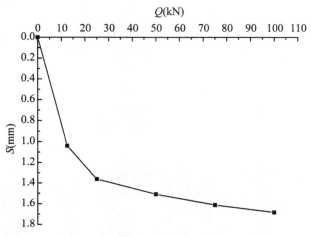

图 6-6　$d_s = 0.5$mm 规格石英砂调节器 Q-S 曲线

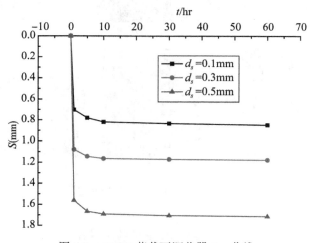

图 6-7　100kN 荷载下调节器 S-t 曲线

（2）动态调节试验是指主动式刚度调节器开启变形调节功能后，在不同荷载作用下实现不同支承刚度的调节。图 6-8 为主动式刚度调节器开启变形调节功能后，通过改变流体的流速和流量基本实现了调节器不同弹性、理想塑性以及完全端承等几种典型的支承情况。

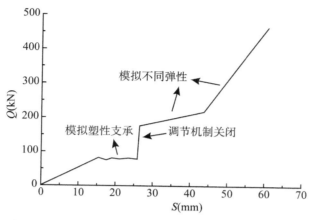

图 6-8 主动式刚度调节器对几种典型支承情况的模拟

设置主动式刚度调节器的桩基础可在建筑物全周期根据需要随时调整其支承刚度，在施工与使用过程中每一个阶段都通过计算后，按零差异沉降要求调节支承刚度，给出下一阶段的预测。由实测检查预测，进一步调整支承刚度，保证在施工与使用的每一步均做到建筑物的零差异沉降。形象地说，建筑物将在施工和使用的全过程中始终置于一个智能化的支承体上，该支承体按基底差异变形为零所需自适应地调整支承刚度，这种调整又是在各时段通过多点变形测试结果反馈分析后自动实施的，基本工作流程可参考图 6-9。

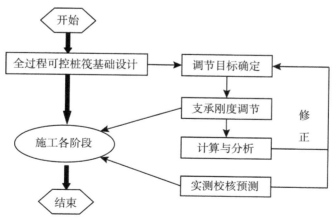

图 6-9 全过程可控刚度桩筏基础工作流程

6.2.3   调节装置的模仿带来的安全隐患

随着可控刚度桩筏基础相关理论的逐渐推广以及社会认可度的逐渐提高，近年来福建省出现了多起针对被动式刚度调节装置的模仿和侵权行为，应引起读者的警惕与关注。为了便于读者更深刻理解刚度调节装置受力性能对桩筏基础整体工作性状的影响，本章对其中最具迷惑性的一种仿制做简单分析。图 6-10 为刚度调节装置典型受力曲线，图 6-11 为仿制调节器受力曲线。

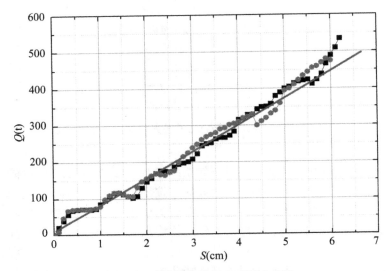

图 6-10   刚度调节装置典型受力曲线

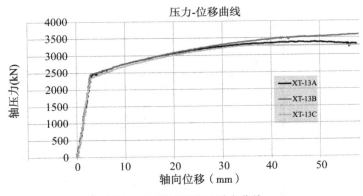

图 6-11   仿制调节器受力曲线

仿制调节器属于单一的低碳钢的压缩或拉伸，弹性段变形只有 2~3mm 左右，在经过屈服阶段的大变形后，承载力会有明显的下降趋势，典型受力曲线如图 6-10 所示。

从这个角度来说,仿制调节器没有支承刚度的概念,仅有在承担某级荷载下出现塑性变形的能力,不像本书编者研制的刚度调节装置具有调节桩基支承刚度的能力(图 6-11),因此不能用于可控刚度桩筏基础应用领域中的新旧桩协同工作、变刚度调平设计以及复杂地质条件造成建筑物基础差异沉降过大的情况。

除此以外,当仿制调节器用于桩土共同作用时,也会产生如下几个问题:

(1)桩基支承刚度产生突变。结构设计中各种形式的参数突变通常为设计人员所忌讳,仿制调节器在屈服前基本无变形,其支承刚度接近无穷大,而屈服后进入塑性阶段,其支承刚度又接近无穷小。对于高层建筑来讲,在静力或动力荷载作用下(尤其是后者),这种形式的刚度突变,将会给建筑物结构安全带来不可估量的负面影响。举例来说,当建筑物在竖向地震荷载作用下,由于平面内竖向支承刚度的突变,将会使作用于筏板的地震力放大,带来安全隐患。

(2)仿制调节器的屈服强度无法确定。桩筏基础尤其是复杂地质条件的高层建筑桩筏基础是一个相当复杂的整体受力体系,基础底面的桩、土反力及变形受诸多因素影响,从来就不是一个定值,在基础的不同位置、不同工况以及不同时间都不一样,因此一个具有确定屈服强度的调节器将无法满足要求。举例来说,从局部来看,确定屈服强度的仿制调节器可能会使相邻的两根桩处于支承刚度无穷大和支承刚度无穷小两种极端状态,从而增大筏板内力;从整体来看,如果建筑物受较大风荷载或地震荷载,确定屈服强度的仿制调节器可能会使建筑物两侧处于两种极端状态,从而可能会使建筑物出现倾斜甚至倒塌的危险。

(3)施工期间基础的安全度得不到保证。由于仿制调节器在工作阶段需要使荷载达到其极限承载力来实现屈服变形,此时抗力等于作用力,安全度仅为 1,屈服后加上地基土的承载潜力也不能满足国家规范规定的安全度的要求。举例来说,采用仿制调节器,当地基土的利用率很小,则该桩筏基础接近于常规桩基,但其安全度只有 1,而当桩基的利用率很小,则该桩筏基础接近于天然地基,其安全度接近 2,亦即按仿制调节器的工作性能,桩筏基础在其工作期间的安全度上限是 2,下限只有 1。

(4)基础变形不可控。现在工程界使用的天然地基一般来说都比较慎重,一个最重要的原因就是地基土具有独特性,其承载力和变形很难精确计算,一旦使用,人为将很难对其有效干预。因此,在研制刚度调节装置的时候,除了保证受力曲线为线弹性外,必要时还使受力曲线的后半段出现"硬化",以实现对地基土变形的"可控"。举例来说,仿制调节器的使用使建筑物上部荷载达到一个很大值后开始出现屈服,并开始仅由地基土承担进一步的荷载增量。如果将天然地基的设计看成是一个技术含量的"杂技"表演,那仿制调节器的使用则将这个"杂技"的表演放到了高空的钢丝上。

6.3 可控刚度桩筏基础的桩顶构造

以人工挖孔桩为例介绍刚度调节装置的常规桩顶构造和安装流程。如 1m 直径桩刚度调节装置由 3 台调节器并联组成,具体构成如图 6-12 所示。

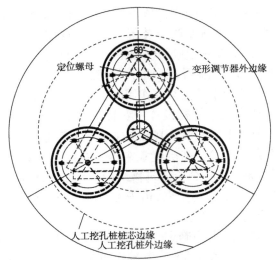

（a）自适应刚度调节器的平面布置

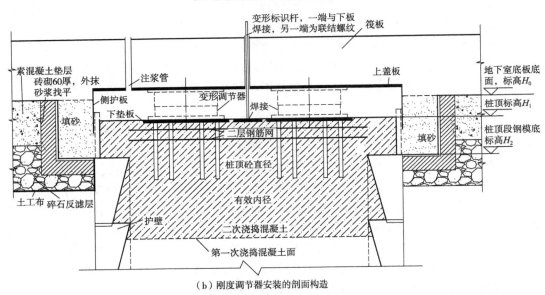

（b）刚度调节器安装的剖面构造

图 6-12 刚度调节装置的安装构造详图

6.3.1 基桩的构造

可控刚度桩筏基础基桩应按下列规定配筋：①当桩身直径为 300～2000mm 时，正截面配筋率可取 0.65%～0.2%（小直径桩取高值）；对受荷载特别大的桩和嵌岩端承桩应根据计算确定配筋率，并不应小于上述规定值；②应沿桩身等截面或变截面通长配筋。

此外，其桩身混凝土及混凝土保护层厚度应符合下列要求：①桩身混凝土强度等级不得小于 C25；②灌注桩主筋的混凝土保护层厚度不应小于 35mm，水下灌注桩的主筋混凝土保护层厚度不得小于 50mm。

6.3.2 筏板的构造

筏板的型式应根据地基土质、上部结构体系、柱距、荷载大小以及施工条件等因素综合确定，宜优先采用平板式筏基，不宜采用梁肋朝下的梁板式筏基。梁板式和平板式的构造和配筋应满足现行行业标准《高层建筑箱形与筏形基础技术规范》（JGJ 6）的要求。

6.3.3 桩筏连接处的构造

可控刚度桩筏基础的桩筏连接应满足以下要求：

（1）桩顶连接构造应保证刚度调节装置在工作期间能正常发挥作用，刚度调节装置退出工作后应达到桩基础的原有竖向受压承载力。如有设计要求时，应达到桩基础原有竖向抗拔和水平承载力。

（2）桩顶预埋件安装应保留 300mm 以上采用二次浇筑，二次浇筑前不应截断原桩身钢筋，在桩顶处向内弯曲。二次浇捣混凝土强度等级应不低于 C30。

（3）桩顶二次浇筑混凝土应设置两层水平构造钢筋网，钢筋直径不小于 10mm、间距不大于 150mm。每个刚度调节装置下方应设置底座，底座钢板的厚度不宜小于 10mm，直径不应小于刚度调节装置直径。

（4）应采取有效措施保证刚度调节装置在安装及筏板施工期间不发生水平向位移。

（5）刚度调节装置安装完毕之后，应采用粗砂将桩顶与垫层之间的空隙填充密实。

（6）基桩和筏板连接处的空腔在刚度调节装置完成调节工作后，应采用注浆法将空腔密实充填。注浆管应采用镀锌钢管，数量不应少于 2 根，直径不小于 40mm，壁厚不小于 3mm。注浆体应具备自密实、高强及微膨胀的特点。

6.3.4 刚度调节装置的安装

刚度调节器的安装大致可以分为如下过程：①桩头清理；②调节器下支座定位安装；③支模板、桩顶混凝土浇筑；④调节器定位安放；⑤调节器侧护板与上盖板安装；⑥注浆管的安装。

1. 桩头清理

为方便调节器下支座的安装，桩顶标高超过设计标高的基桩，超出部分应去除，并应保留基桩中的竖向受力钢筋高出设计标高约 150mm 左右；桩顶标高低于设计标高时，应用相同直径和等级的钢筋将基桩竖向受力筋引至高出设计标高 150mm 左右。由于桩顶需要进行混凝土的二次浇筑，因此桩头的清理应严格按照二次浇筑的要求进行，对于薄弱混凝土层或个别突出骨料应用风镐凿去，并用钢丝刷或压力水洗刷以保证桩头的清洁。

2. 调节器下支座定位安装

由于单个刚度调节器的最大承受荷载可能达到 5000～7000kN，因此为了防止桩顶混凝土的局部压碎，在每个调节器的下面设置支座，支座垫板的直径适当大于调节器直径，以分担调节器的压力。为了进一步将荷载传递到混凝土深部，在每个支座垫板下设置 4 根直径不小于 12mm，长度不小于 250mm 的构造钢筋，垫层下后浇砼中设两层构造钢筋网。另外，为方便自适应刚度调节器的快速安装，在每个支座垫板的中心设有定位螺母。

考虑到安装完成后的桩顶进入筏板 50mm，具体安装时应根据具体型号调节器的高度进行支座顶标高的控制，整个支座通过支座加固钢筋与基桩竖向受力钢筋的焊接固定，焊点不少于 6 个，以保证支座在二次浇筑过程中不被振捣棒振捣偏位。具体如图 6-13 所示。

图 6-13　调节器下支座安装后外观

3. 支模板、桩顶混凝土浇筑

调节器下支座安装完毕后，将桩顶清理干净并用水湿润后即可进行桩顶混凝土的二次浇筑。二次浇筑的混凝土应比桩身混凝土高一等级，并用振捣棒充分振捣。混凝土终凝后方可拆模，拆模后的桩顶外观如图 6-14 所示。

4. 调节器定位安放

刚度调节器的临时固定螺栓（根据发货，可能有不一样）主要在运输过程中起固定保护的作用，在出厂后至定位安装前一定不能拆除，以防止装置发生变形从而影响其受力性能。另外安装时，应注意区分刚度调节器的正反，应保持较薄一侧的盖板向上。调节器下盖板底设置有 φ25mm 的定位孔，安装时可据此进行定位，上盖板表面根据需要可能设置有定位刻线，可用于检测仪器的定位与安装。调节器安放后的桩顶外观如图 6-15 所示。

5. 调节器侧护板与上盖板安装

调节器侧护板与上盖板的主要作用是将调节器封闭在独立的空间里，在建筑物沉降稳定前，确保混凝土或其他异物无法阻碍调节器发挥作用。侧护板与上盖板安装后的桩顶外观可见图 6-16。

6. 注浆管的安装

在建筑物沉降稳定后，通过注浆管将调节器构造的桩顶空腔进行注浆封闭，增加桩

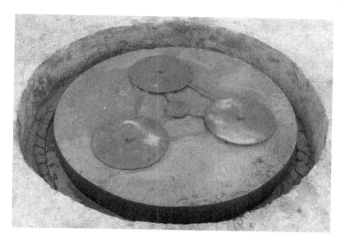

图 6-14 拆模后的桩顶外观

图 6-15 调节器安放后的桩顶外观

图 6-16 安装后的自适应变形调节桩顶外观

顶的耐久性。调节装置制造企业配送的成套桩顶构造已经安装有注浆管的标准尺寸接头（注浆接头的外观如图 6-16 所示），桩顶构造完成后，应专门安装注浆管，桩径大于等于 1200mm 的桩基，注浆管数量宜取 3 根，不得少于 2 根，桩径小于 1200mm 的桩基，注浆管数量不应少于 2 根。注浆管高度高出筏板顶 50~100mm 为宜，并用堵头封闭。

6.3.5　桩顶空腔的后期封闭

建筑物的沉降发展过程为 2~3 年，在建筑物封顶及后期荷载基本施加到位，沉降稳定后，可通过注浆将桩顶设置调节装置形成的空腔封闭，增加刚度调节装置的耐久性，同时注浆体提供的抗压强度作为安全储备（注浆体强度不低于桩身强度，无侧限抗压强度通常要求不低于 35MPa）。桩顶空腔注浆封闭通常可分为如下过程：①注浆料配制；②除锈、洗管；③抽水、洗孔；④注浆；⑤注浆管清除。

（1）注浆料配制。桩顶空腔注浆无法振捣，注浆料必须保证较高的流动性，保证注浆料具有自密实的效果，通常选取商品灌浆料。

（2）除锈、洗管。当注浆管有锈迹时，可采用特制钢丝刷人工除锈，并清洗注浆管中的泥沙，必要时可加入化学除锈试剂。人工除锈完成后用高压水清洗注浆管。

（3）抽水、洗孔。采用自吸泵或真空泵排出桩顶空腔中的地下水，保证桩顶注浆的注浆质量。抽水后开始洗孔，洗孔宜采用 1∶1 水泥净浆，当管口有水泥浆返回时，即可停止洗孔。

（4）注浆。为保证注浆效果，宜将注浆管接高至底板面以上 0.5m 并设置阀门，当一个管在注浆时，其余管的阀门应在返浆后关闭，同时进行 0.5MPa 压力注浆。完成注浆并稳压 3min 后进行封闭，待注浆体凝固后方可拆除阀门。

（5）注浆管清除。注浆完成后一个星期，在管底筏板表面凿 50mm 深直径 100mm 的圆形小坑，将注浆管割断并用钢板焊接封闭，封闭后的小坑用砂浆修补。

6.4　特殊要求下的刚度调节装置构造

与常规桩基础相比，仅设置上述刚度调节装置的桩顶构造尚无法承担相应的上拔力和水平剪力。虽然大部分情况下，承受竖向荷载的桩筏基础不要求桩基承担上拔力和水平剪力，但作为面向多领域的新型桩筏基础，应具备可靠措施解决上述问题，以满足特殊的使用要求。

6.4.1　桩顶承担抗拔荷载

为使设置刚度调节器的桩基础保持原有的抗拔能力（即抗拔能力不小于基桩桩身抗拔力），同时保证刚度调节器工作过程中变形调节能力不受影响，可在桩顶设置一个或多个位移可调式钢筋连接器。

钢筋连接器构造比较简单，主要由上拉筋、下拉筋、顶板和底板组成（如图 6-17）。底板和上拉筋固定连接，顶板和下拉筋固定连接。上拉筋延伸到筏板内与筏板主筋相连，并保证一定的搭接强度，下拉筋为桩内主筋的延伸。在桩顶空腔注浆之前，顶板和底板可分别沿上拉筋和下拉筋做相对运动，完全不影响调节器的变形调节能力。

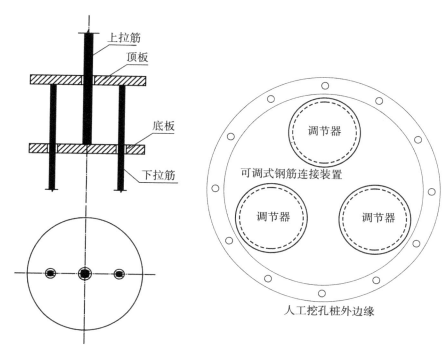

图 6-17　可调式钢筋连接器及桩顶平面布置示意图

安装了钢筋连接器的桩筏基础的抗拔能力，通过顶板和底板之间的混凝土受压来实现。桩顶空腔浇筑混凝土后，连接器的顶板与底板因混凝土的阻碍无法做相对运动。在桩筏基础受拉时，顶板与底边之间的混凝土则表现为受压。顶板和底板的形状可根据桩型改变，一般情况下为环状（图 6-17），环形面积 A 可根据下式计算：

$$A = \alpha n \pi d^2 \frac{f_y}{4f_c} \tag{6-1}$$

式中：n——基桩钢筋根数；

　　　d——钢筋直径，mm；

　　　f_y——钢筋强度设计值，N/mm²；

　　　f_c——混凝土强度设计值，N/mm²；

　　　α——考虑施工和环境等因素的调整系数，通常取 $\alpha = 1.2 \sim 1.4$。

6.4.2　桩顶承担水平荷载

为使设置刚度调节器的桩基础保持原有的抗剪能力（即抗剪能力不小于基桩桩身抗剪力），同时保证刚度调节器工作过程中变形调节能力不受影响，可在桩顶设置专门设计的抗剪装置。

桩顶抗剪装置抗剪能力主要由钢管混凝土提供，钢管混凝土上部镶嵌于筏板内（不少于 20cm），下部置于桩顶预留的圆柱形孔内，孔底放置不少于 1.5 倍极限调节位移高度的泡沫材料，以避免抗剪装置影响调节器的工作，具体如图 6-18 所示。

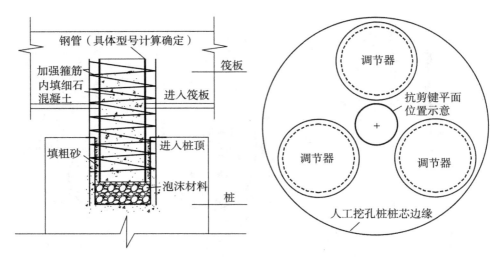

图 6-18　桩顶抗剪装置及桩顶平面布置示意图

桩顶抗剪装置所能提供的抗剪力 V 可按照公式（6-2）计算：

$$V = \gamma_v A_{sa} f_{scvy} \tag{6-2}$$

式中：V ——横向抗剪承载力；

　　　γ_v ——构件截面抗剪塑性发展系数，当 $\xi \geq 0.85$ 时，$\gamma_v = 0.85$，当 $\xi \leq 0.85$ 时，$\gamma_v = 1$；

　　　A_{sc} ——构件横截面面积；

　　　f_{scvy} ——组合抗剪强度，$f_{scvy} = (0.385 + 0.25\alpha^{1.5}) \cdot \xi^{0.125} \cdot f_{scy}$；

　　　f_{scy} ——轴压强度承载力指标，$f_{scy} = (1.14 + 1.02\xi) \cdot f_{ck}$；

　　　ξ ——约束效应系数，$\xi = \dfrac{A_s \cdot f_y}{A_c \cdot f_{ck}}$，$A_s$ 为钢筋面积，A_c 为核心混凝土面积。

6.5　可控刚度桩筏基础设计理论

6.5.1　桩基竖向承载力的确定与计算

可控刚度桩筏基础设计前宜先通过经验方法或原位测试的方法估算单桩竖向极限承载力，在此基础上通过静载试验的方法进行复核，具体试桩方法应按照现行行业标准《建筑基桩检测技术规范》（JGJ 106）执行；对于大直径端承型桩，可通过原位测试和经验参数确定，也可通过深层平板（平板直径应与孔径一致）载荷试验确定极限端阻力；对于嵌岩桩，可通过直径为 0.3m 岩基平板载荷试验确定极限端阻力标准值，也可通过直径为 0.3m 嵌岩短墩载荷试验确定极限侧阻力标准值和极限端阻力标准值。设计前进行试桩，不仅可以准确地知道基桩的承载潜力，做到有的放矢，而且可以节约投资，杜绝没有必要的浪费。

如设计前不具备试桩条件，或需确定试桩参数，可根据土的物理指标与承载力参数之间的经验关系确定单桩竖向极限承载力标准值，宜按公式（6-3）估算：

$$Q_{uk} = Q_{sk} + Q_{pk} = u \sum q_{sik} l_i + q_{pk} A_p \tag{6-3}$$

式中：Q_{sk}、Q_{pk} ——总极限侧阻力标准值和总极限端阻力标准值；

$\quad u$ ——桩身周长；

$\quad q_{sik}$ ——桩侧第 i 层土的极限侧阻力标准值；

$\quad l_i$ ——桩周第 i 层土的厚度；

$\quad q_{pk}$ ——极限端阻力标准值；

$\quad A_p$ ——桩端面积。

根据土的物理指标与承载力参数之间的经验关系，确定大直径桩单桩极限承载力标准值时，可按下式计算：

$$Q_{uk} = Q_{sk} + Q_{pk} = u \sum \psi_{si} q_{sik} l_i + \psi_p q_{pk} A_p \tag{6-4}$$

式中：q_{sik} ——桩侧第 i 层土极限侧阻力标准值，对于扩底桩变截面以上 $2d$ 长度范围不计侧阻力；

$\quad q_{pk}$ ——桩径为 800mm 的极限端阻力标准值；

$\quad \psi_{si}$、ψ_p ——大直径桩侧阻、端阻尺寸效应系数，按表 6-1 取值；

$\quad u$ ——桩身周长，当人工挖孔桩桩周护壁为振密捣实的混凝土时，桩身周长可按护壁外直径计算。

表 6-1　　　　　**大直径灌注桩侧阻尺寸效应系数 ψ_{si}、端阻尺寸效应系数 ψ_p**

土类型	黏性土、粉土	砂土、碎石类土
ψ_{si}	$\left(\dfrac{0.8}{d}\right)^{\frac{1}{5}}$	$\left(\dfrac{0.8}{d}\right)^{\frac{1}{3}}$
ψ_p	$\left(\dfrac{0.8}{D}\right)^{\frac{1}{4}}$	$\left(\dfrac{0.8}{D}\right)^{\frac{1}{3}}$

6.5.2　桩基数量的确定与计算

在可控刚度桩筏基础的应用领域中，当其用于考虑桩土共同作用，充分发挥地基土承载力时，桩基数量的确定，可按下式计算：

$$n \geqslant \frac{F_{\mathrm{k}} + G_{\mathrm{k}} - f_{\mathrm{a}} A_{\mathrm{c}}}{R_{\mathrm{a}}} \tag{6-5}$$

式中：F_{k}——荷载效应标准组合下，作用于承台顶面的竖向力；

G_{k}——桩基承台和承台上土体自重标准值，对于稳定的地下水位以下部分，应扣除水的浮力；

n——桩基中基桩的数量；

A_{c}——承台底扣除桩基截面积的净面积，$A_{\mathrm{c}} = A - A_{\mathrm{p}} \cdot n$；

A——筏板基础的基地面积；

A_{p}——桩基中单桩的截面积；

f_{a}——经修正后地基土承载力特征值；

R_{a}——单桩竖向承载力特征值。

当可控刚度桩筏基础不考虑桩土共同作用，桩基数量的确定同常规桩基，可按下式计算：

$$n \geqslant \frac{F_{\mathrm{k}} + G_{\mathrm{k}}}{R_{\mathrm{a}}} \tag{6-6}$$

6.5.3　桩基沉降计算

根据可控刚度桩筏基础的工作机理，调节装置设置的目的是使桩基础的变形保持与地基土变形的协调，因此其最终沉降 S 满足：

$$S = S_{\mathrm{S}} = S_{\mathrm{P}} \tag{6-7}$$

式中：S_{S}——地基土承担荷载引起的沉降，具体计算可参照国家标准《建筑地基基础设计规范》；

S_{P}——桩基分担荷载引起的沉降，除需考虑桩顶变形装置的变形外，具体计算可参照行业标准《建筑桩基技术规范》。

应该指出，与天然地基以及常规桩基相比，可控刚度桩筏基础的沉降计算相对复杂，其沉降特性受到的影响因素也非常多。式（6-7）根据可控刚度桩筏基础作用机理，以其受荷的最终状态出发，给出计算其沉降的一般公式，避免了桩筏基础复杂的受力过程。由于 S_{S} 的计算比 S_{P} 简单，通常以 S_{S} 的计算代替可控刚度桩筏基础的整体沉降。

6.5.4　桩基安全度计算与校核

可控刚度桩筏基础设计时，如桩基承载力使用竖向承载力特征值、地基土承载力使用承载力特征值可满足桩基整体安全度要求。除此以外，应验算桩基整体安全度，并使之满足下式要求：

$$K = \frac{R}{S} \geqslant 2 \tag{6-8}$$

式中：R——可控刚度桩筏基础总体抗力的特征值，为桩、土极限承载力之和；

S——荷载效应标准组合值；

K——桩基础部分的整体安全度，不小于 2。

当桩、土承载力分别采用承载力特征值时，桩基整体可认为满足要求是基于以下考虑：天然地基承载力极限值约为 $2.5f_a$，由于桩对土体的遮拦作用，实际值还略大于 $2.5f_a$。当桩顶荷载达到 P_a 时，刚度调节装置预设的变形虽还有适当的预留以适应桩顶荷载的进一步增加，但如按假设的极限状态向 P_u 发展时，桩最终会用完预留变形而转化为端承桩，端承桩的进一步变形很有限，不能保证桩间土承载力一定发挥到 $f_u = 2.5f_a$，为安全起见应予折减，可估计为 $0.8f_u = 2f_a$。另外由于桩距较大，忽略群桩效应，n 根桩的极限承载力为 $n \cdot P_u$（实际值也可能略小于此值），由此可控刚度桩筏基础的整体极限承载力 Q_u 可表示为：

$$Q_u = 2f_a A + nP_u \tag{6-9a}$$

而 $Q = f_a A + nP_a$，故桩筏基础的整体承载力安全度 K 可表示为：

$$K = \frac{Q_u}{Q} = \frac{2f_a A + nP_u}{f_a A + nP_a} \tag{6-9b}$$

设 $\eta = \dfrac{f_a A}{Q}$ 为桩间土承载比，则 $nP_a = (1 - \eta)Q$，$nP_u = 2nP_a$，于是式（6-9b）可改写为：

$$K = \frac{Q_u}{Q} = \frac{2\eta Q + 2(1 - \eta)Q}{\eta Q + (1 - \eta)Q} = 2 \tag{6-9c}$$

至此，可控刚度桩筏基础整体承载力安全度 K 在施工及使用全过程均满足国家和行业相应规范、标准的要求。

6.5.5 刚度调节装置的设计方法

可控刚度桩筏基础可用于多种工程领域，故调节装置支承刚度的确定应根据其具体的应用范围，具体计算确定。

（1）当刚度调节装置用于实现大支承刚度桩基桩土共同作用时，为保证桩、土在相同荷载水平下的变形协调，就必须使桩、土的支承刚度协调。桩筏基础中桩和地基土分别可看作一些大弹簧和若干小弹簧，与每根大弹簧匹配的小弹簧数量可通过基底总面积除以总桩数来近似求得，具体如图 6-19（a）（b）所示，可以看出，当桩弹簧与与之配套的土弹簧刚度接近相等时，桩、土变形一致，可保证共同承担荷载。

故刚度调节装置用于实现大支承刚度桩基桩土共同作用时，其支承刚度 k_a 应按照下式计算：

$$k_a = \frac{k_p \cdot k_c}{k_p - k_c} \tag{6-10a}$$

$$k_c = A_c' \cdot K_s \cdot \frac{\zeta}{\xi} \tag{6-10b}$$

$$A_c' = \frac{A_c}{n} \tag{6-10c}$$

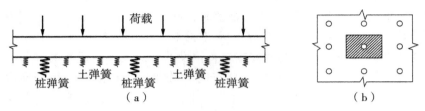

图 6-19　桩、土共同作用简化示意图

式中：ξ——地基分担荷载的比例系数；

　　　ζ——桩基础分担荷载的比例系数；

　　　A'_c——与基桩协同工作的地基面积的平均值（m^2）；

　　　K_s——地基土的刚度系数（kN/m^3）；

　　　k_p——基桩支承刚度（kN/m）；

　　　k_a——刚度调节装置支承刚度（kN/m）；

　　　k_c——设置刚度调节装置的基桩复合支承刚度（kN/m），由基桩支承刚度 k_p 和刚度调节装置支承刚度 k_a 串联而成，当基桩为嵌岩端承桩时，$k_c \approx k_a$。

（2）当刚度调节装置用于以减少建筑物差异沉降和筏板内力为目标的调平设计时，刚度调节装置与桩基础以及地基形成的复合支承刚度在筏板基础平面内的分布应符合国家现行标准《建筑桩基技术规范》的有关规定，并宜进行上部结构-筏板-刚度调节装置-桩-土共同作用整体分析。

（3）刚度调节装置用于混合支承桩基础时，其支承刚度 k_a 可按下式计算：

$$k_a = \frac{k_{mp} \cdot k_c}{k_{mp} - k_c} \tag{6-11a}$$

当不考虑地基作用时：

$$k_c = \frac{Q_m n_n}{Q_n n_m} k_{np} \tag{6-11b}$$

当考虑地基作用时：

$$k_c = \frac{Q_m n_n}{Q_n n_m} k_{np} + \frac{A_n K_{ns} Q_m - A_m K_{ms} Q_n}{n_m Q_n} \tag{6-11c}$$

式中：Q_m——大支承刚度桩基所承担的上部结构荷载标准组合值（kN）；

　　　Q_n——小支承刚度桩基所承担的上部结构荷载标准组合值（kN）；

　　　n_m——大支承刚度桩基数量；

　　　n_n——小支承刚度桩基数量；

　　　k_{mp}——大支承刚度桩基的支承刚度值（kN/m）；

　　　k_{np}——小支承刚度桩基的支承刚度值（kN/m）；

　　　k_c——设置刚度调节装置的基桩复合支承刚度，由 k_{mp} 和 k_a 串联而成；

A_m——大支承刚度桩基相应区域地基土净面积（m^2）；

A_n——大支承刚度桩基相应区域地基土净面积（m^2）；

K_{ms}——大支承刚度桩基相应区域地基土刚度系数（kN/m^3）；

K_{ns}——大支承刚度桩基相应区域地基土刚度系数（kN/m^3）。

（4）当大支承刚度桩为嵌岩桩（或墩）基时，基桩复合支承刚度 k_c 可取刚度调节装置的支承刚度 k_a。当不需要考虑地基土作用时，如地基承载力较高，可采取措施隔断地基与筏板之间的传力路径。

（5）刚度调节装置同时应用于上述两种及两种以上情况时，其支承刚度值应同时满足设计要求，并宜进行上部结构-筏板-刚度调节装置-桩-土共同作用的整体分析。

6.6 实例 1：复杂地质条件下的端承桩复合桩基

通过厦门市嘉益大厦工程（2004 年竣工）详细介绍可控刚度桩筏基础在首次解决大支承刚度桩实现桩土共同作用以及特殊地质条件下建造高层建筑等方面的应用及现场测试情况。

6.6.1 工程概况与地质条件

嘉益大厦位于厦门市嘉禾路 160 号，由两幢对称布置的 30 层住宅组成。其下部通过两层地下室和三层裙房连成整体，裙房与地下室的外包尺寸一致。地面±0.00m 以上建筑物设缝断开。建筑物总高度 94m，地下室埋深 10.5m。建筑物外观概况如图 6-20 所示。

本工程场地地质条件异常复杂，分别于 1992 年和 1994 年进行过两次详细勘探。现据两次勘察报告和试验资料，本工程场地地层自上而下为：①人工填土；②新近冲积层；②-1 粉质黏土；②-2 粗砂；③海积层；③-1 淤泥；③-2 粗砂；④冲积粉质黏土；⑤坡积黏土；⑥花岗岩残积砂质黏土；⑦燕山期花岗岩；⑦-1 强风化花岗岩；⑦-2 中风化花岗岩；⑦-3 微风化花岗岩。本工程地质条件复杂，土层中分布有大量直径不等未风化完全的孤石。两次勘探过程中，有 94% 的钻孔遇到孤石。为了直观起见，截取典型的地质剖面图，如图 6-21 所示。

由于①～⑤层地基土均在基坑开挖范围内，所以主要考虑影响基础设计的花岗岩残积土各亚层的地质情况。该工程地质条件复杂，为了更好地完成基础的设计不仅进行了两次常规的地质堪查，其中需要说明的是，本工程在 4 个点位进行了载荷板试验，但是其中有一个点位的地基承载力非常低，只有其他点地基承载力的 1/3 左右。后经仔细分析和现场勘查后认定，该点土体已经被水浸泡了 2 天左右，荷载试验结果实为花岗岩残积土浸水后的残余强度。由于花岗岩残积土的残余强度已严重偏离地基土的承载力，因此分析时，将该点数据剔除，仅将其余 3 点的正常试验曲线进行分析。但是，应清醒地意识到，花岗岩残积土承载力虽较高，但如需充分利用，必须保护地基土在施工过程中不被扰动破坏。

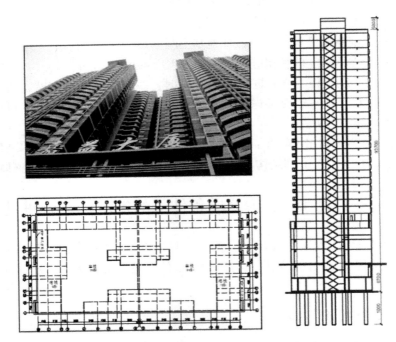

图 6-20　嘉益大厦外观、平面、剖面示意图

该工程主要受力土层基本物理力学指标综合对比如表 6-2 所示。

表 6-2　　　　　　　　　　主要物理力学指标综合对比

土层名称	花岗岩残积砂质黏土		
	A 亚层	B 亚层	C 亚层
天然重度 γ（kN/m³）	18.5	19.4	19.9
天然含水量 W（%）	30	25	20
液性指数 I_L	0.12	0.10	0.01
标贯击数 N	13	21	32
天然孔隙比 e	0.895	0.743	0.631
旁压模量 E_m（MPa）	14.1	34.8	76.1
（极限压力）P_l（kPa）	1088	2163	3668
（临塑压力）P_f（kPa）	467	938	1590
压缩模量 $E_{s,1-3}$（MPa）	5.4	6.2	7.0
压缩模量 $E_{s,3-5}$	8.5	10	11

续表

土层名称	花岗岩残积砂质黏土		
	A 亚层	B 亚层	C 亚层
压缩模量 $E_{s,5-7}$	11.8	14	16
变形模量 E_0（MPa）	12	25	38
承载力 f_k（kPa）	250	300	400

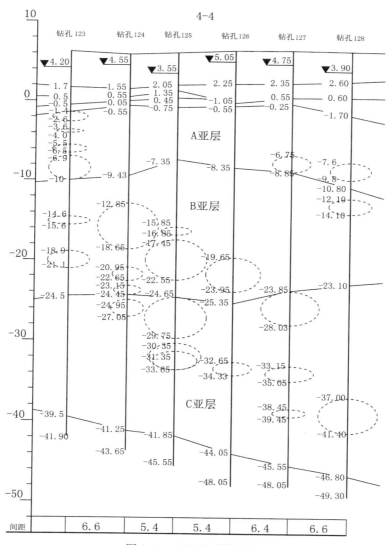

图 6-21 工程地质剖面图

6.6.2　基础设计方案及创新点

1. 基础设计参数

嘉益大厦地下室占地面积为 3200 平方米，宽 41.4 m，长 81.4 m。其中两栋主楼的投影面积总计为 1560m²。主楼为 30 层住宅，有 3 层满布的群房。计算到基础筏板表面，主楼荷载的标准组合总值为 1007884.6kN。群房的标准组合总值为 878233.0kN。基础底面标高处的自重应力为 104kPa。综合勘察报告级现场原位试验分析结果，本工程修正后地基土承载力特征值可取用 400kPa。

2. 基础方案讨论

本工程所处场地地质条件异常复杂，花岗岩残积土层较厚，土层中分布有大量直径不等的孤石，故对于本工程基础各种常规的或习惯的方法都无法实施。连认为最有可能施工成功的冲凿桩，打了十几根，最终也还是以失败退场。

值得一提的是，曾经有设计单位提出采用基底下大面积 CFG 桩，遇孤石钻孔穿过、桩底旋喷注浆加固的方案。处理费用可能高达 1000 万以上。经分析该方案除费用高外，地基加固施工的质量也不易控制，且施工后没有可靠的检测方法对施工质量进行检查，另外该方案的最大问题是旋喷桩加固施工过程中还存在高压水对花岗岩残积土的扰动，可能大大降低了土体的承载力从而给工程留下隐患。由于该方案相对风险较大、可靠性较低且总价昂贵，故不宜采用。

经慎重分析后确定适合本工程地质条件能顺利进行施工的基础方案只能有两个：

（1）天然地基。花岗岩残积土在没有扰动的情况下，实际强度有较大的潜力，沉降也不会太大。但能否使用勘察报告提出的承载力特征值为 250kPa 的土层来承担实际达到 536kPa 的基底压力？从理论上讲有这种可能。但是重要的不是理论计算，工程实践是靠经验逐步积累和在可靠的范围内逐步外推来取得突破的。在厦门地区采用天然地基建造 30 层的高层建筑毕竟没有先例，该方案有一定的风险。

（2）考虑桩土共同作用的复合桩基。鉴于本工程有两层地下室，通过深、宽修正，放大地基土承载力值；同时考虑底板的应力扩散，缩小了板底的平均压力，使天然地基能承担绝大部分的上部结构荷载；不足部分，由主楼下引入少量的桩来承担，同时也利于确保沉降量满足要求。另外，在主楼下布置少量的桩，不仅可以减少主楼和裙房的差异沉降，还减小了底板中的弯矩，使基础底板的厚度和配筋都可进一步减小。基础底板厚度取为 1.60m，其下有 300mm 厚的滤水层。为了使设计能得到实施，必须尽量用短桩和减少桩数。最后在两栋 30 层的高层住宅下总共仅布置了 65 根直径为 900mm、有效长度为 10m 的人工挖孔桩。

本工程考虑桩土共同作用的复合桩基设计与以往的所谓沉降控制的复合桩基不同，以往沉降控制复合桩基中均为摩擦型，而本工程复合桩基中桩为大支承刚度的端承型桩，需要采取一定措施，保证桩土变形协调才能最终实现桩土的共同作用。另外在实施中，和事先估计到的一样，大部分桩在挖孔过程中还是遇到了孤石。为了缩短工期，减少施工期间对土体的扰动，设计规定：当能用风镐探明孤石直径大于 2m 时，就终止挖孔，将桩底可靠地连接和支承在孤石上。为了保证大支承刚度桩的桩土共同工作和解决不同支承条件下的桩基支承刚度差异过大的问题，在每根桩顶部均设置了刚度调节装置来调节优化桩基支承刚度的大小与分布，这是一项全新的尝试，这种桩筏基础又称为可控刚度桩筏基础。

3. 项目创新点

（1）提高花岗岩残积土的承载力值。充分利用花岗岩残积土具有结构性以及在原始状态具有高强度和低压缩性的特性，同时采取一系列构造措施和施工措施防止由于花岗岩残积土泡水扰动所引起的强度急剧下降，以勘察报告建议承载力特征值为250kPa的花岗岩残积土作为30层高层建筑的基础持力层，实际分担上部结构400kPa的荷载。

（2）实现大支承刚度桩的桩土共同作用。将传统复合桩基的设计概念扩大应用到较硬土层中的大支承刚度桩基尤其是嵌岩端承桩中。与传统的沉降控制复合桩基工作性状完全不同，在传统复合桩基设计中均为摩擦型桩，桩土变形协调比较容易满足，而本工程由于花岗岩残积土层较硬，为大支承刚度的端承型桩，通过设置刚度调节装置才能优化桩土变形协调，实现桩土共同作用。

（3）连接可靠的桩顶刚度调节装置。由于工程场地残积土层中孤石含量异常多，大部分桩仍不得不直接落在大孤石上，造成各桩支承刚度不仅远大于地基土的支承刚度，且相互之间大小悬殊。因此，在桩顶设置可调节与优化桩支承刚度的刚度调节装置，在实现大支承刚度桩土共同作用的同时，既保证了各桩顶部与基础底板的可靠连接和可靠传力，又保证了各桩支承刚度变化幅度相差不大。

6.6.3 可控刚度桩筏基础设计

1. 桩基础承载力和数量计算

考虑到工程地质复杂，本工程采用 ϕ900 人工挖孔桩，衬砌厚度150mm，实际桩径1200mm，桩长10m。计算得单桩极限承载力为3820kN，承载力特征值为1910kN。其中，主楼部分作用于基础的总荷载为880000kN，修正后地基土承载力特征值为400kPa，适当考虑上部结构荷载通过地下结构和基础向外扩散，保守取扩散距离为1.5m，则有效基础面积为 $A=1893\text{m}^2$，按照式（6-5）计算得到桩基数量为84根。

应该指出，计算的单桩承载力是人工挖孔桩直接支承于花岗岩残积土时的承载力，实际上大部分桩将直接支承于孤石和岩石上，桩基极限承载力远不止3820kN（经简单估算约为9600kN）。因此，考虑到上述因素，尽量减少桩基施工对花岗岩残积土的扰动，并按柱网和实际布置需要，确定实际布桩为65根，此时桩承担总荷载的14%，平均每根桩承担荷载约为2468kN。具体布桩方案如图6-22所示。

2. 桩基础的安全度计算

本工程桩基础承载力采用特征值进行计算，地基土承载力也采用特征值进行计算，桩筏基础通过刚度调节装置的设置，在保证桩土共同作用的同时和始终同时发挥各自承载力的基础上，整体安全度 K 可始终满足不小于2的要求。

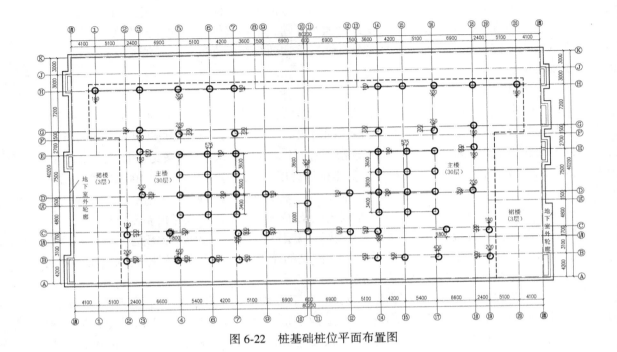

图 6-22　桩基础桩位平面布置图

3. 桩基础的沉降计算

（1）按简化修正实体深基础方法计算沉降：

$$s = \psi \cdot \psi_e \cdot \frac{p_0}{E_s}\left(\frac{Z_n}{2} + \frac{B}{8}\right) \tag{6-12}$$

按式（6-12）取单幢计算，则其中：$p_0 = 400\text{kPa}$；$Z_n = 25\text{m}$；$B = 33.4$；$\psi \approx 1.0$；$\psi_e = 0.521$；$\overline{E_s}$ 分别按几种取值代入计算，其值如表 6-3 所示。

表 6-3　　　　　　　　　　　　　　　　$\overline{E_s}$ **计算表**

	常规方法 按 $E_{s,5-7}$ 取	$2.2N$	经验法			旁压仪	
			$5E_s$	$7E_s$	$10E_s$	$\alpha = 1/3$	$\alpha = 1/4$
$\overline{E_s}$（MPa）	14.9	56.3	74.5	104.3	149	157.1	210
s（m）	0.233	0.062	0.047	0.033	0.023	0.022	0.016

（2）按复合桩基方法计算沉降。

只考虑基础底板引起的沉降，桩引起的沉降忽略。则 $p_s = 400\text{kPa}$，$p_{s0} = 296\text{kPa}$，$\overline{E_s}$ 的值如表 6-4 所示。

表 6-4 $\overline{E_s}$ 计算表

	常规方法按 $E_{s,5-7}$ 取	2.2N	经验法			旁压仪	
			$5E_s$	$7E_s$	$10E_s$	$\alpha = 1/3$	$\alpha = 1/4$
$\overline{E_s}$（MPa）	14.9	56.3	74.5	104.3	149	157.1	210
s（m）	0.19	0.08	0.063	0.048	0.032	0.040	0.032

比较以上计算结果可以看出，本工程可控刚度桩筏基础的沉降为 30~60mm。

4. 刚度调节装置支承刚度计算

考虑到本工程基础方案为地基土承担绝大部分荷载的桩土共同作用形式，建筑物可能会产生大于常规桩基础的沉降，另外桩基础中采用的人工挖孔桩一部分为支承于孤石顶部的类似嵌岩的端承桩，一部分则为支承于花岗岩残积土层的支承刚度较大的端承摩擦桩。这样混合支承的桩基础如果不经专门的处理，则桩与周围底板以及桩与桩之间容易产生较大的差异沉降，从而增加基础的造价，并给建筑物带来一定的安全隐患。据此分析，本工程应在桩顶和筏板之间增加一刚度调节装置，按可控刚度桩筏基础设计，以调节差异沉降，减少筏板中的应力，达到优化设计的目的。由于桩基础为混合支承，且分布比较随机，无法准确区分，因此较精确计算调节器刚度无法做到，可近似按照式（6-10）计算，计算得到的单根桩刚度调节装置支承刚度近似为 160000kN/m。

6.6.4 差异沉降控制方法及施工要点

（1）布桩原则：在主楼柱下及剪力墙下布桩，布桩时应尽可能使桩顶反力和上部结构荷载作用力的位置相重合。

（2）因桩只在柱下和剪力墙下布置，故基础底板采用整板，并可进一步减薄至 1.6m，挑出部分最小厚度为 1.2m。

（3）人工挖孔桩遇小孤石或者孤石边缘不到桩孔截面积的 1/4 时，应越过孤石施工。当遇到大孤石时，桩底做 10~15cm 厚的人工碎石垫层。当孤石边缘超过桩孔截面积的 1/4 时，在孤石上植入 5φ16 的钢筋。

6.6.5 工程现场测试分析与研究

本工程于 2002 年进行设计并动工；2002 年年底进行基坑的土方施工；2003 年 3 月土方工程结束并开始在坑底混凝土垫层上施工工程桩（人工挖孔桩）；2003 年 5 月初完成地下二层垫层及人工挖孔桩施工；2003 年 7 月完成基础筏板的浇筑；2004 年 5 月建筑物主体结构封顶；2005 年 4 月交付使用。

本工程在基础筏板浇筑前埋设了大量桩顶集中反力传感器和基底土压力反力传感器。在施工过程中及封顶后近 3 年时间内，对建筑物进行了全方位、全过程的监测，主要包括建筑物沉降观测、基底土压力观测、桩顶反力监测、刚度调节装置变形监测等。其中建筑沉降及桩顶位移调节装置变形观测点布置见图 6-23，土压力盒和桩顶反力计埋设施工图见图 6-24（土压力盒和桩顶反力计仅布置在建筑物对称一侧）。

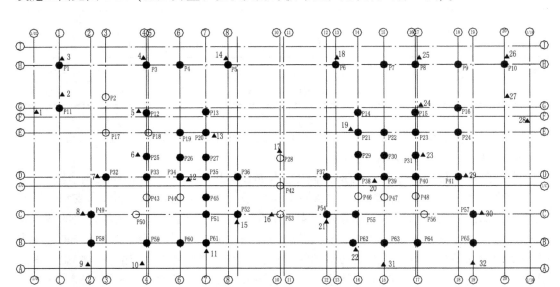

▲32 沉降观测点　●P32桩顶位移调节装置变形观测点　○P2未进行弹簧变形观测的桩

图 6-23　建筑沉降及桩顶位移调节装置变形观测点布置示意图

1. 建筑物沉降

本工程中设置刚度调节装置的人工挖孔桩主要起控制建筑物总沉降以及调节差异沉降的作用，同时还少量承担上部结构荷载，且作为建筑物的安全储备，建筑物沉降主要还是由地基土的刚度来控制。本工程共布置沉降观测点 32 个，建筑物封顶后沉降观测点减少为 16 个。建筑物封顶两年后的实测最大沉降为 53mm，最小沉降为 24mm，平均沉降为 37mm。图 6-25 为建筑物平均沉降随时间变化的曲线，可以看出，建筑物沉降已趋于稳定，预计最终沉降约为 45mm，这与最终沉降估算值 3~5cm 非常吻合。这就说明本工程可控刚度桩筏基础设计计算是合理的也是成功的，同时也说明了在了解建筑场地地质条件的基础上，深入分析、合理计算，较准确地估算出考虑桩土共同作用桩筏基础的最终沉降也是可能的。

2. 基底土压力

本工程主、裙楼基底共布置土压力盒 35 只，土压力监测从 2003 年 6 月开始，2005 年 8 月结束，历时 2 年 3 个月。上述过程中受施工影响，逐渐出现土压力盒损坏，至监测结束时尚存活 28 只。剔除部分数据明显异常点外，实测基底最大土压力为 417kPa，最小土压力为 152kPa。

基底平均土压力随时间变化的曲线如图 6-26 所示，可以看出，基底土压力在建筑物主体施工及外装期间总体上增加明显，在建筑物外装完成后增加程度趋缓但仍有少量的增加。主楼部分基底最终土压力平均值约为 322kPa，小于设计值，考虑到土压力实

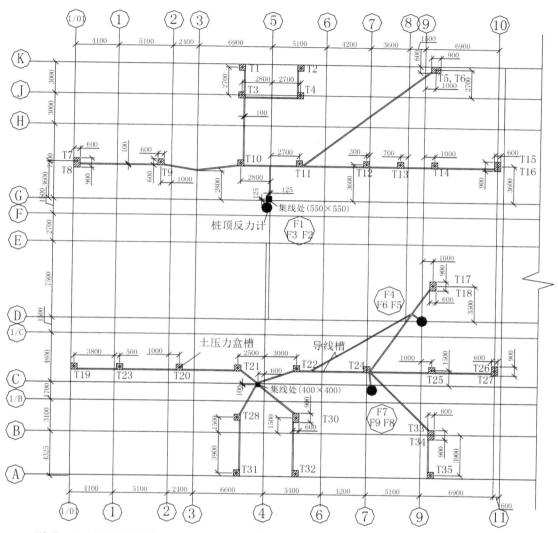

说明：1. 导线槽规格为 100mm×100mm（宽×深），要求采用切割机切割后凿除；2. 土压力盒槽埋设单个土压力盒的规格为 600mm×600mm（长×宽），两个为 600mm×900mm，深度要求为切透并凿除垫层的砼及钢筋，并去除垫层下碎石层；3. 集线处的凿除深度为 150mm；4. 土压力盒槽底采用 5cm 中砂铺垫；5. 土压力盒、桩顶反力计、导线埋设好后采用水泥砂浆回填。

图 6-24　土压力盒和桩顶反力计埋设施工图

测结果通常会小于实际值，且建筑物的实际荷载也小于设计荷载，因此上述结果也是合理的。

3. 桩顶刚度调节器

本工程中对全部 65 根桩布置了桩顶变形量观测装置，由于施工原因只能观测到 52

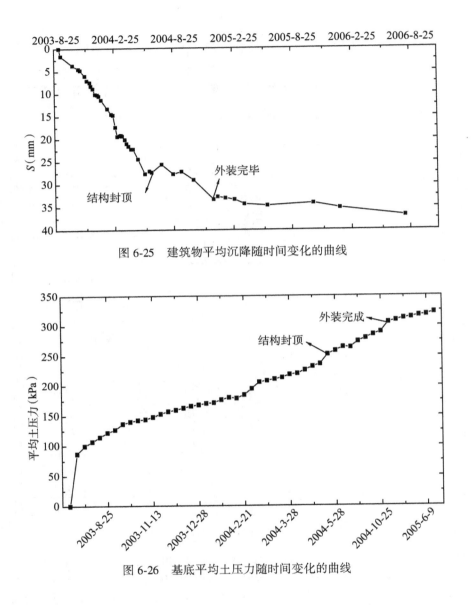

图 6-25　建筑物平均沉降随时间变化的曲线

图 6-26　基底平均土压力随时间变化的曲线

根桩。观测时间从 2003 年 9 月开始，2005 年 3 月结束，历时 1 年 6 个月。

　　至 2005 年 3 月 30 日桩顶刚度调节装置最大变形量为 25.00mm，接近设定的位移调节量，说明嵌岩桩完全按设计意图发挥了作用；但刚度调节器平均变形量仅为 15.42mm，如图 6-27 所示，说明桩基中端承摩擦桩和直接支承于小孤石上的摩擦端承桩占了较大的比例，另外也说明桩端土体实际变形量比估算值大。分析具体原因，可能是由于估算变形时，只考虑了基桩荷载作用下桩端土体压缩量，而忽略了建筑物对桩端土体变形的影响，实际上本工程由于桩长较短，建筑物筏板又较宽（主楼部分接近

30m，裙楼部分为 40m），因此桩端以下土体大部分仍在建筑物的沉降影响范围之内，这部分的牵连沉降不能忽略。

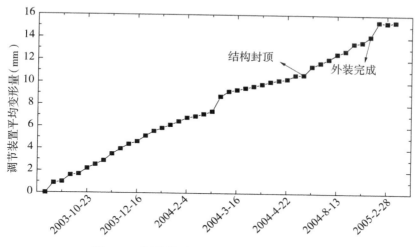

图 6-27 调节器平均变形随时间变化的曲线

4. 桩顶反力

本工程仅对 3 根桩进行了桩顶反力监测。桩顶平均反力随时间变化的曲线如图 6-28 所示，从图 6-28 可以看出，桩顶平均压力在建筑物主体施工及外装期间增加明显，至 2004 年 12 月外装完成后，桩顶平均反力最大值为 1730kN；建筑物外装完成后桩顶反力总体呈缓慢减小趋势，至 2005 年 8 月监测结束，桩顶平均反力最大值为 1530kN。将桩顶反力随时间的变化趋势与土压力变化情况对比，可以看出外装完成后，桩、土荷载分配情况仍随时间变化而进一步调整。

刚度调节装置的受力性状大致呈线性变化，因此根据调节装置的支承刚度和平均变形量可近似推算出桩顶的平均反力，将推算结果与实测的桩顶反力随时间变化一起绘于图 6-29 中。由于刚度调节装置平均变形量由 53 根桩得到，而实测桩顶平均反力仅由 3 根桩得到，导致根据平均变形量推算出的桩顶平均反力与实测值存在一定差异。但从图 6-29 仍可以看出，两者随时间的变化趋势基本一致，在某些情况下上述两组数据可相互印证合理性。

5. 桩、土荷载分担比

本工程地基土承载力有较高的利用潜力，因此在进行桩筏基础设计时，按照桩土共同作用理论进行。设计时考虑地基土分担 400kPa 的荷载，达到上部结构总荷载的 85%。

根据实测的平均土压力和实测平均桩顶反力，换算出全过程中地基土分担荷载的比例随时间变化的曲线，具体如图 6-30 所示。从图 6-30 可以看出，地基土实际分担

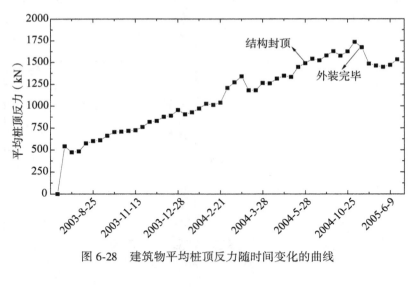

图 6-28 建筑物平均桩顶反力随时间变化的曲线

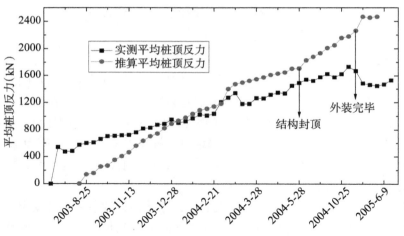

图 6-29 建筑物平均桩顶反力随时间变化的曲线

荷载比例略小于设计值，平均在 83% 左右。另外，地基土分担比例虽随时间不断变化调整，但幅度不大，说明在桩顶刚度调节装置的作用下，桩基与地基土基本同步发挥作用。

综上所述，建筑物封顶 2.5 年后的实测结果显示，建筑物的各项性能指标基本满足当初设计要求，并且自适应刚度调节器改善筏板性能，减小不均匀沉降的能力超出预期，基本做到了零差异沉降。因此，本工程应用的可控刚度桩筏基础是合理的，其设计也是成功的。

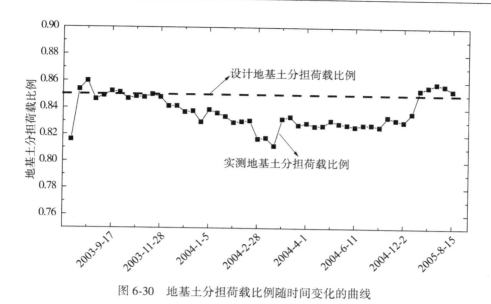

图 6-30　地基土分担荷载比例随时间变化的曲线

6.7　实例2：土岩组合复杂地基上的高层建筑

通过贵州省贵阳市富源同座工程，详细介绍可控刚度桩筏基础在复杂地质条件下的桩筏基础领域拓展所做的一系列工作，验证该技术在土岩组合地基中应用的可行性。

6.7.1　工程概况与地质条件

贵州省贵阳市富源同座项目位于贵阳市南明区富源北路，共分为 A1、A2、A3 号塔楼，设两层连体地下室。其中 A1 栋塔楼地上层数 26 层，高度 90 m，地下 2 层；结构体系：框支剪力墙；结构形式：钢筋混凝土结构；设计使用年限：50 年；建筑结构安全等级：二级；基础设计等级：甲级；建筑抗震设防类别：乙类；设计 ±0.00 高程为 1093.50 m，地下室底板高程分别为 1089.50 m（地下一层）、1085.50 m（地下二层），采用桩筏基础，塔楼最大设计单轴荷载为 30000 kN/柱，裙楼最大设计单轴荷载为 4325 kN/柱，结构对下沉敏感，属于对地基要求较严格的二级建筑物。建筑物平面图如图 6-31 所示。

场地位于贵阳向斜西翼，距场地东面百米左右，有一近南北向的区域断层。场地岩层呈单斜构造，倾向 SE100°，倾角 30° 左右。受构造应力作用，岩体中节理裂隙较发育，东面边坡露头可见两组比较明显的节理裂隙，其基本特征分别为：① 倾向 235°，倾角 65°；② 倾向 325°，倾角 18°；裂隙宽 2~5mm，结构面结合较差，可见次生铁锰质、钙质矿物和方解石脉充填。据钻探，场地由土层和基岩两部分组成（场地表层红黏土已在开挖地下室的过程中清除完毕），地层结构异常复杂，现自上而下大致分述如下：

127

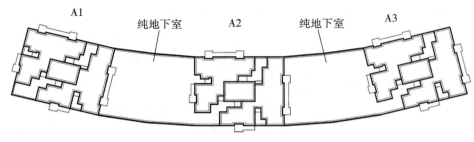

图 6-31　建筑物平面图

（1）黄色黏土（Q_{dl}）：冲（洪）积成因，呈黄色，可塑状，土质极不均匀，含厚层状~巨厚层状中风化灰白色白云岩漂石、块石、角砾等。

（2）淤泥质黏土（Q_{dl}）：冲（洪、淤）积成因，以灰色软塑黏土为主，夹白云岩圆砾，偶夹中风化白云岩漂石。

（3）泥炭质黏土（Q_{dl}）：冲（洪、淤）积成因，以灰黑色软塑黏土为主，含大量有机质及未完全碳化的树木。

（4）褐黄色黏土（Q_{dl}）：冲（洪）积成因，呈黄色，可塑状，土质不均匀，含白云岩圆砾和砾砂。

土层的具体物理力学指标，如表 6-5 所示。

表 6-5　　　　　　　　　　　　　　　　土层物理力学参数

土层	γ (kN/m^3)	c (kPa)	φ (°)	E_s (MPa)	e	w (%)	f_{ak} (kPa)	q_{sik} (kPa)	q_{pk} (kPa)
黄色黏土	18.8	53.2	7.66	6.53	0.865	30.4	180	68	1300
淤泥质黏土	17.3	23.2	2.1	4.74	1.275	44.3	—	20	—
泥炭质黏土	17.8	48.5	5.43	6.09	1.119	28.8	120	53	750

此外，A. 强风化基岩：三叠系统下安顺组（T_{1a}）白云岩，呈浅黄色等，破碎岩体，风化强烈，夹泥，次生矿物明显，岩芯呈砾砂状，偶含碎块状，岩体基本质量等级为 Ⅴ 类；B. 中风化岩体：三叠系统下安顺组（T_{1a}）白云岩，呈浅灰色、灰色、肉红色等，薄层~中厚层状，泥晶结构，岩质较新鲜，岩体结构较破碎，中风化，岩芯采取率 >65%，岩芯以短柱状、碎块状为主，f_{rk} = 26 MPa，属较破碎较软岩，岩体基本质量级别 Ⅳ 级。

6.7.2　基础设计方案及创新点

1. 基础设计参数

场地地质条件复杂，岩溶洞隙发育，根据地质勘探报告，各岩土层的物理力学指标建议采用以下数值：

（1）黄色黏土（Q_{dl}）：地基承载力 $f_{ak} = 180$ kPa，极限侧摩阻力标准值 $q_{sik} = 68$ kPa，极限端阻力标准值 $q_{pk} = 1300$kPa；（以下各符号意义同本条）

（2）淤泥质黏土（Q_{dl}）：$q_{sik} = 18$ kPa；

（3）泥炭质黏土（Q_{dl}）：$q_{sik} = 16$ kPa；

（4）褐黄色黏土（Q_{dl}）：$q_{sik} = 53$ kPa，$q_{pk} = 750$ kPa；

（5）强风化岩体：$f_{ak} = 500$ kPa，$q_{sik} = 200$kPa；

（6）中风化岩体：$f_a = 3500$ kPa（无溶洞时采用）。

建筑物地基平面分布及典型地质剖面图如图 6-32 和图 6-33 所示。

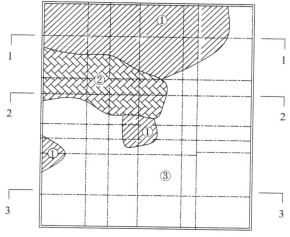

图 6-32 地基平面分布示意图

图 6-32 中区域 1 主要为黄色黏土地基；区域 2 主要为黄色黏土地基下卧淤泥质黏土和泥炭质黏土；区域 3 主要为基岩外露或石芽地基。

2. 项目难点

本工程项目地质条件异常复杂，高层建筑场地部分为白云岩中风化基岩，部分为黄色黏土（含大小不一的漂石、孤石等），其中塔楼核心筒位置主要为黄色黏土下卧淤泥质软弱层。按建筑物主体结构类型进行初步分析，若采用上部结构荷载全部由桩基分担的常规桩基方案，存在两个主要问题：

（1）承载力方面。在黏土分布区，黄色黏土层分布有大小不均的孤石、溶洞，若桩基不穿越溶洞，经计算其承载力大小可能无法满足设计要求；若采用超长桩，桩基需穿越厚度近 30m 的淤泥土填充的溶洞，桩长近 70m，桩基质量较难得到保证。

（2）变形方面。建筑物平面范围内的基岩出露区和黏土分布区，地基土支承刚度分布严重不均匀，经初步计算传统基础方案在上述两个区域，会出现较大的差异沉降，已经无法满足差异沉降控制要求。

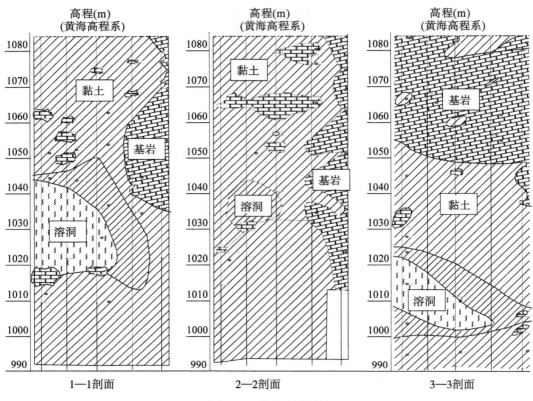

图 6-33　典型地质剖面

3. 项目创新点

根据地质勘察报告提供的地基土参数，基岩出露区直接采用天然地基或较短的桩基（墩基），即可满足要求，基础也基本没有沉降。非基岩出露区域，为保证桩基施工质量，也不宜穿越溶洞，而应尽可能提高桩基承载力，经反复考虑拟采用桩端桩侧复合后注浆工艺。复合后注浆工艺对提高桩基承载力效果明显，初步计算桩基承载力可以满足要求，但桩端底部存在厚度较大的淤泥质黏土层时，桩基沉降量大，因此在进行建筑物基础设计时，必须考虑因场地内存在软弱下卧层所引起的基础不均匀沉降及基础的稳定性。

为解决建筑物基础较大的不均匀沉降，本工程拟采用可控刚度桩筏基础的方案进行设计：

（1）黏土分布区在可能的情况下，尽量增加基础的支承刚度，采用大直径冲孔灌注桩，桩端、桩侧复合注浆。

（2）考虑到群桩效应和下卧层土体较差，为保证桩基础的稳定性，针对桩端平面局部位置下卧全填充淤泥质土的溶洞，不考虑桩端的应力扩散，桩端阻力仅由桩端圆柱冲切面的土体抗剪强度来提供，来反算需要的桩端持力层厚度。需要的桩端持力层最小

130

厚度计算可按式（6-13）计算：

$$\pi \cdot d \cdot h \cdot (c + \sigma \tan\varphi) = q_{pk} \cdot A \qquad (6-13)$$

式中：d——桩径，本项目取 1.2m；

h——桩端持力层厚度；

σ——土体接触应力，近似等于自重应力乘以静止土压力系数（水下土体重度取浮容重）；

A——桩端截面面积；

q_{pk}——极限端阻力，按地勘报告建议取 2200kPa。

按照式（6-13）计算，桩端持力层的厚度 h 为 7m，即桩端距离溶洞 7m，不穿越全填充溶洞，桩端土层即可提供相应的端阻力。

（3）基岩出露区采用人工挖孔桩的形式，桩端嵌入基岩，如桩身较短即采用墩基础的形式。

（4）在基岩区桩顶设置刚度调节装置用以协调两区域桩基的沉降差，另外为减少地基土及出露基岩对刚度调节装置的影响，在设置刚度调节装置部位的筏板与地基土之间设置泡沫垫层。

具体设计思路如图 6-34 所示。

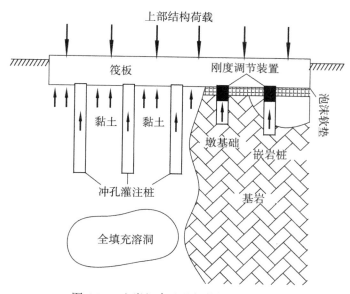

图 6-34 土岩组合地基桩筏基础示意图

6.7.3 可控刚度桩筏基础的设计

1. 桩基承载力的确定

本工程黏土分布区域拟采用桩侧和桩端复合注浆冲孔灌注桩，由于缺少当地相关经验，通过自平衡试验对两根桩长 35m，桩径 1.2m 的后注浆试桩承载力进行试验，以校核复合后注浆灌注桩的设计参数。其中，1#试桩持力层为黄色可塑黏土，其后注浆单桩极限承载力按规范建议方法计算为 14500kN，试验结果显示其极限承载力为 14749kN。2#试桩由于黏土分布区溶洞及软弱下卧层的存在，选取地质条件较差处进行试验，其桩端 3.5m 以下为淤泥质黏土层，持力层土质条件较差，其后注浆单桩极限承载力按规范建议方法计算为 12800kN，试验结果显示其极限承载力为 12400kN。

综上所述，黏土分布区域后注浆摩擦桩单桩承载力极限值按上述方法计算所得的较小值取为 12400kN，单桩承载力特征值取为 6200kN。基岩出露区域的墩基础和桩端嵌岩的人工挖孔桩单桩承载力基本由桩身强度控制。

2. 桩基数量的确定

根据地质勘察报告提供的参数，本工程黏土分布区地基承载力较低，部分区域甚至不到 180kPa，为安全起见，桩筏基础设计时不考虑地基土的承载力，留作安全储备。其中，黏土分布区域桩基应承载上部结构荷载 154000kN（标准组合），基岩出露区域桩基应承担荷载 288000kN（标准组合）。两个区域的桩基数量均可按下式计算：

$$n \geqslant \frac{F_k + G_k}{R_a} \tag{6-14}$$

式中：F_k——荷载效应标准组合下，作用于承台顶面的竖向力；

G_k——桩基承台和承台上土体自重标准值，对稳定的地下水位以下部分应扣除水的浮力；

n——桩基中基桩的数量。

经式（6-14）计算并考虑尽量在墙下和柱下布桩的原则，本工程实际共布桩 79 根，其中黏土分布区域冲孔灌注桩 31 根，桩径 1200mm，桩长 30m，桩侧和桩端复合注浆；基岩出露区域，桩、墩基础 48 根，桩径 1000mm，桩底扩大头直径 1600mm，桩、墩基础顶设置刚度调节装置，具体桩（墩）位布置如图 6-35 所示，图中阴影部分为筏板与地基之间设置泡沫软垫的范围。

3. 基础沉降计算

鉴于工程所在场地为复杂的土岩溶组合地质条件，为了使建筑平面内基础变形协调，通过基岩区桩顶设置刚度调节装置用以调节两区域桩基的沉降差，因此桩筏基础的整体沉降实际由黏土分布区的沉降所决定。

黏土分布区域桩基础有一定沉降，作为安全储备的地基承载力会有一定程度发挥，客观上能起到减少地基变形的作用。本项目基础设计不考虑桩土共同作用，假定上部结构荷载全部由桩基础分担并以此计算的桩筏基础沉降相对于实际沉降是偏于安全的。黏土分布区基础需承担荷载 154000kN，基底平均附加应力为 400kPa。根据当地可靠经验，黏土分布区桩基沉降计算经验系数 ψ 取 0.4，桩基等效沉降系数 ψ_e 取 0.42（考虑后注浆的影响），则采用分层总和法计算黏土分布区桩基础沉降估算值为 34.9mm。

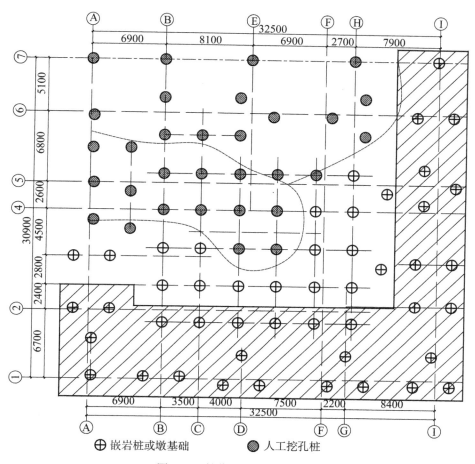

图 6-35 桩位平面布置示意图

⊕ 嵌岩桩或墩基础 ● 人工挖孔桩

4. 刚度调节装置支承刚度计算

当刚度调节装置用于桩基支承刚度差异较大或土岩结合地基等地基土支承刚度严重不均匀时，其支承刚度可按照下式计算：

$$\frac{Q_r}{n_r k_c} = \frac{Q_w}{n_w k_{wp}} \quad (6\text{-}15a)$$

$$k_a = \frac{k_p \cdot k_c}{k_p - k_c} \quad (6\text{-}15b)$$

式中：Q_r——相对坚硬处（或基岩面）桩基础分担的上部结构荷载标准组合值（kN）；

Q_w——相对软弱处桩基础或桩土体系分担的上部结构荷载标准组合值（kN）；

k_c——相对坚硬处（或基岩面）设置刚度调节装置的基桩（或墩基）复合支承刚度（kN/m），由基桩（或墩基）支承刚度 k_p 和刚度调节装置支承刚度 k_a 串联而成，

133

当基桩（或墩基）嵌岩时，$k_c \approx k_a$；n_r 为相对坚硬处（或基岩面）基桩数量；

n_w——相对软弱处基桩数量；

k_{wp}——相对软弱处桩基础的支承刚度（kN/m）。

考虑整个基础变形协调，黏土部分桩基承载力特征值为 6200kN，整体变形差保守估计为 35mm，因此单桩调节装置支承刚度为 6200/0.035 = 177143kN/m。设置刚度调节装置的桩顶构造可随时通过二次注浆来终止调节装置的工作，因此在无法精确计算黏土区域桩筏基础沉降的情况下，适当削弱基岩部分的调节装置支承刚度，以使整个方案留有二次干预的可能。另外为了防止基岩出露区域地基对刚度调节装置的影响，在该区域的筏板和地基之间铺设泡沫软垫，考虑到泡沫软垫也有一定的支承刚度，所以综合考虑本项目最终确定的调节装置支承刚度取为 150000 kN/m。

桩（墩）基础桩顶设置刚度调节装置由 3 台刚度调节器并联组成，每根桩顶刚度调节装置总刚度为 150000kN/m，单个调节器刚度近似为 50000 kN/m，最大承担荷载 500 吨，最大变形量 50～60mm。建筑物整体沉降预计为 35mm，筏板厚度为 1.8m，由于本项目常规桩基和设置刚度调节装置桩基共存，为防止建筑物出现水平扭转，在设置刚度调节装置的桩顶设置抗剪装置，其具体构造如图 6-36 所示。

图 6-36　桩顶抗剪装置

6.7.4　有限元辅助设计

1. 数值计算方案

由于本工程为桩筏基础主动控制技术在土岩溶组合地基中首次尝试，无工程案例可供设计参考。采用 Plaxis 3D Foundation 进行数值计算指导设计工作，分析桩筏基础受力性能及刚度调节装置的工作状态。

为简化分析模型，基岩区桩基考虑泡沫软垫与刚度调节装置并联，其支承刚度按可能的较大计算值取 20×10^4 kN/m 以模拟基岩区桩（墩）基础工作性状，黏土区桩基支承刚度按可能的较小计算值取 10×10^4 kN/m 以模拟摩擦群桩工作性状。数值计算方案示意图如图 6-37 所示。

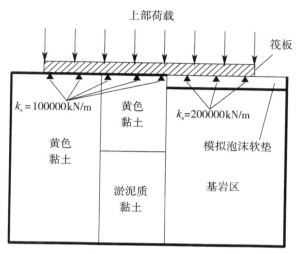

图 6-37 基础计算方案

2. 有限元模型建立

本工程地基土平面分布主要存有三个不同区域，即基岩区、黏土区、黏土下卧软弱土区。对场地岩土层进行简化，基岩区与黏土区仅考虑均质岩土层，分别设置为层厚80m的中风化白云岩与黄色黏土；黏土下卧软弱土区分为两层，根据勘察报告设定上部为 39 m 厚的黄色黏土，下部为 41 m 厚的淤泥质黏土。有限元模型中具体物理力学指标参考地勘报告及现场试验参数，如表 6-6 所示。

表 6-6　　　　　　　　　　　　　模型材料参数

岩土层	本构模型	γ （kN/m³）	E （MPa）	c （kPa）	φ （度）	ν
黄色黏土	摩尔-库伦	18.8	19.6	53.2	7.66	0.2
淤泥质黏土	摩尔-库伦	18.1	17.3	23.2	2.1	0.2
风化基岩	线弹性	23	5000	—	—	0.25
筏板	线弹性	25	30000	—	—	0.25

模型中筏板采用实体单元，基桩采用弹簧单元，摩擦桩及设置刚度调节装置的嵌岩桩（墩）基础则分别通过设置不同的支承刚度 k_s 值来模拟。计算模型尺寸为 90m×90m ×80m（长×宽×高），其外边界采用侧向约束，底部全部约束，整体模型网格划分如图 6-38 所示。

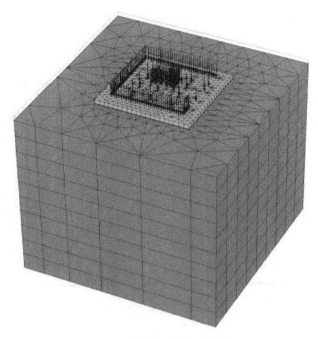

图 6-38 模型网格划分图

3. 数值计算结果分析

限于篇幅，取 A—A′和 B—B′两个剖面进行分析，剖面图如图 6-39 所示。

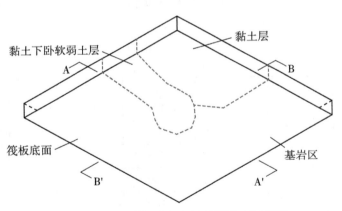

图 6-39 A—A′剖面和 B—B′剖面分布示意图

1）筏板沉降

在上部结构荷载作用下，采用桩筏基础主动控制技术后，筏板沉降曲线如图 6-40 所示。可以看出最大沉降点出现在筏板的中心区域，未出现筏体沉板整降向软土区偏移的情况，沉降最大值约为 34 mm，最小值为筏板边界处，约为 2 mm。可以认为，通过在基岩区桩顶设置刚度调节装置，降低嵌岩桩及墩基础的支承刚度，使之与软土区摩擦桩支承刚度相匹配，优化了桩筏基础的整体支承刚度，避免基础沉降向软土区域偏移及建筑物倾斜的情况发生。

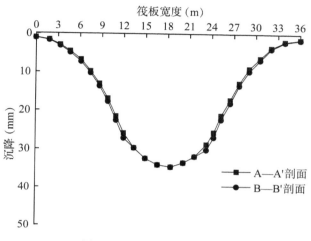

图 6-40　筏板沉降计算结果

2）筏板内力

上部结构荷载作用下，采用可控刚度桩筏基础的筏板应力分布如图 6-41 所示，剔除异常峰值后筏板内部压应力最大值约为 8 MPa，拉应力最大值约为 2 MPa，换算筏板正弯矩为 4320 kN·m，负弯矩为 1080 kN·m。可以认为，基岩区桩顶设置刚度调节装置后，在避免基础沉降向软土区域偏移的同时，较好地满足了筏板内力设计要求，可以一定程度降低筏板配筋量，在保证建筑物安全的同时能取得较好的经济效益。

4. 桩顶反力

两典型剖面桩顶反力值如图 6-42 所示，可以看出桩基工作性状合理，未超过承载力特征值。软土区域随着基础的沉降，地基土承载力会得到一定的发挥，分担一部分荷载，使软土区桩顶反力显著小于基岩区。为了防止基岩出露影响刚度调节装置的正常工作，在建模过程中设置筏板底部 200 mm 内的基岩不参与工作，荷载全部由设置刚度调节装置的桩基承担，其实际荷载分担值与设计值较为接近。

按最不利原则的包络设计方法，建立简化数值计算模型，计算得到的桩顶反力及沉降均能满足设计要求，说明通过在基岩区桩顶设置刚度调节装置优化桩土支承刚度整体分布的主动控制设计方法具有合理性和可行性。

6.7.5　工程现场测试分析与研究

本工程按上述设计方案于 2010 年 11 月完成所有桩基施工，2011 年 11 月主体结构封顶。原方案中设有详细的桩反力、土压力及钢筋应力监测，但施工中均被破坏，仅余

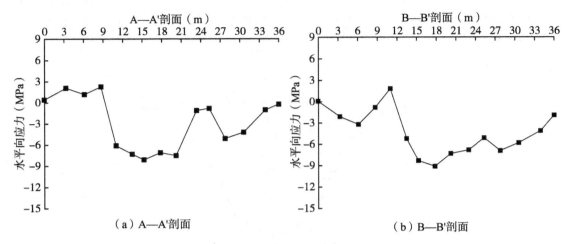

（a）A—A'剖面　　　　　　　　　　　　（b）B—B'剖面

图 6-41　筏板应力分布图

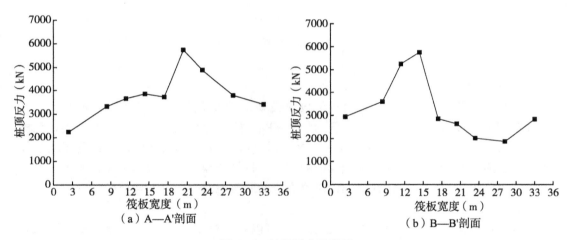

（a）A—A'剖面　　　　　　　　　　　　（b）B—B'剖面

图 6-42　桩顶反力示意图

施工期建筑物沉降监测，建筑物沉降随时间变化曲线如图 6-43 所示。

　　从图 6-43 中可以看出，建筑物沉降量随时间基本呈线性增加，结构封顶后沉降量增长减缓。在 2011 年 7 月中旬，建筑物黏土区域和基岩区域的差异沉降量达到 10mm，已接近规范的限制值，继续观察一段时间后，不均匀沉降逐渐减小，通过刚度调节装置的不断调节后，最终差异沉降仅为 1mm，总沉降量为 30mm。说明桩顶刚度调节装置在本工程基础设计中起到了关键作用，最终沉降变化逐渐趋于收敛。项目在复杂地质条件下的高层建筑桩筏基础设计中取得了成功。

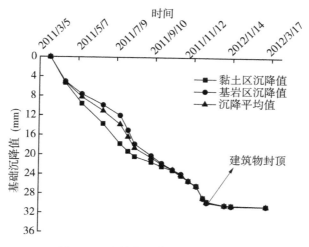

图 6-43　建筑物沉降随时间变化曲线

6.8　应　用　策　略

（1）可控刚度桩筏基础应用于桩土共同作用时，在设计计算中地基承载力特征值宜优先采用载荷试验来确定，若条件不允许时，可采用其他方法结合工程实践经验综合确定，如原位测试、公式计算等。刚度可控式桩筏基础桩、土同时承担上部结构的荷载，且地基承载力可充分发挥，这与其他形式的桩土共同作用理论中需考虑地基承载力发挥程度有显著不同。

（2）与天然地基以及常规桩基相比，当刚度可控式桩筏基础用于桩土共同作用时，其最终沉降计算相对复杂，影响沉降特性的因素也较多，但根据刚度可控式桩筏基础的工作机理，在其承载的全过程中，设置刚度调节装置的基桩与地基的变形始终是协调的，因此建议按照计算地基沉降的方式来计算整体桩筏基础的沉降，可避免刚度可控式桩筏基础较复杂的受力过程。刚度可控式桩筏基础不考虑桩土共同作用时，最终沉降等于刚度调节装置的压缩量与桩基承担荷载引起的沉降量之和，后者严格意义上应再加上桩身的弹性压缩量，通常可忽略。当桩基为嵌岩端承桩时，桩基承担荷载引起的沉降量近似等于零。

（3）刚度调节装置支承刚度的计算用到一个重要的参数，即地基土的刚度系数，该系数与基床系数的概念不同，影响地基土刚度系数值的因素包括：土的类型、基础埋深、基础底面积的形状、基础的刚度及荷载作用的时间等因素。刚度系数值不是一个常量，它的确定有一定的经验性，本规范中该值的大小应主要反映基础影响深度范围内地基的性质，设计人员在较准确估算建筑物基础平均沉降的情况下，地基土刚度系数可按地基所受实际荷载以及在该荷载作用下地基产生的沉降计算得到。

（4）刚度可控式桩筏基础的桩筏连接构造与常规桩筏基础有较大差异，桩顶连接构造应保证刚度调节装置的调节性能正常发挥作用，刚度调节装置退出可调节工作状态后，应通过注浆等措施，使桩端构造达到桩基础原有竖向受压承载力。当设计有要求时，应同时达到桩基础原有竖向抗拔和水平承载力，规范对满足上述要求的刚度可控式桩筏基础的桩筏连接构造给出了示例。

刚度调节装置退出可调节工作状态后，基桩和筏板连接处的空腔应采用注浆法充填。注浆应采用自密实、高强及微膨胀特性的材料，注浆前应对注浆管清洗、除锈，注浆应连续一次完成，注浆时注浆管顶部均应设置阀门，其中一管注浆时，其余注浆管阀门应在返浆后关闭，注满后应保持注浆压力不小于 0.5MPa 且注浆时间不少于 3min，结束后应将全部注浆口阀门封闭，注浆体凝固后方可拆除阀门。

（5）刚度调节装置作为调节基桩支承刚度和支承建筑物荷载的主要部件，可选用橡胶支座、碟形弹簧、刚度调节器，为了保证调节结果的精确性和可靠性，刚度调节装置承载力不应小于设计要求的桩身承载力；有效可调节变形量不应小于设计要求的变形量，且宜有 20% 的安全储备；当刚度调节装置用于调节建筑物基础差异沉降时，其有效调节变形量应大于计算差异沉降量的 1.5 倍。

刚度调节装置竖向荷载-位移受力曲线应呈线性特征，刚度调节装置在承受荷载过程中，荷载-位移受力曲线不应出现软化现象。刚度调节装置荷载-变形受力曲线呈线性特征，不仅可以简化设计过程，保证桩筏基础在施工及使用全过程保证整体安全度满足要求，而且可有效保证桩基础和地基始终按设计桩、土分担比共同承担上部结构荷载和调节不同支承刚度桩基的变形差，现有成熟设计理论与计算方法均是基于刚度调节装置的上述特征。

（6）当刚度调节装置同时应用于两种或两种以上情况时，整个桩筏体系的工作性状将会变得复杂，此时应通过上部结构—筏板—刚度调节装置—桩—土共同作用的整体分析结果来指导设计。

第7章 基桩检验动测技术

7.1 概 述

桩的动测技术在国外已有 100 多年的历史，最早的动测方法是利用能量守恒定律和牛顿撞击理论，根据打桩时测得的贯入度建立起关系式来推算桩的极限承载力，称之为动力打桩公式。其中著名的有海利（Hiley）打桩公式、格尔谢凡诺夫公式、江布打桩公式和修正的丹麦动力打桩公式等，据不完全统计，世界各国曾出现 400 多个动力打桩公式。

近代桩基动测技术是以应力波理论为基础发展起来的。1865 年 B. de Saint-Venant 提出一维波动方程问题。20 世纪 30 年代应力波理论被用于分析打桩工程。1931 年伊萨克斯（D. V. Isaace）提出，桩顶受到锤击后，冲击能量以波动形式传至桩底，可用一维波动方程来描述，但其解过于复杂，难以进入实用阶段。

国外许多学者如 P. W. Forehand、J. L. Reese、Samon、E. T. Mosley、Edwards、L. L. Lowery、H. M. Coyle、J. E. Bowles、M. T. Davisson、F. Rausche 以及 G. G. Goble 等，在计算机程序编制、参数确定、可靠性研究以及波动方程法的实际应用等方面进行了大量工作，对波动方程应用技术的发展做出了重要贡献。

桩的动测技术在国内外已得到广泛应用，研制了许多软件和硬件设备，不少国家已将桩的动测技术列入地基基础设计与施工规范。

根据作用在桩顶上动荷载的能量大小和应力水平，能否使桩土间产生一定的塑性位移或弹性位移，通常把动力试桩分为基桩高应变动测法和基桩低应变动测法。一般认为，高应变动测法可用于桩的承载力检测，低应变动测法可用于桩的质量检测，这种提议较为安全可靠和现实。常用的桩基动测方法见表 7-1。

表 7-1 　　　　　　　　　　　**常用的桩基动测法**

高应变动测法					低应变动测法						
锤击贯入试桩法	波动方程法			动力打桩公式法	动静试桩法	稳态机械阻抗法	瞬态机械阻抗法	应力波反射法	动力参数法	声波透射法	水电效应法	共振法
	Smith法	Case法	实测曲线拟合法									

长期的研究和实践证明，实测曲线拟合法的物理假定较合理，检验精度较高，可以此为检验工程桩承载力的重要手段之一，但尚不能完全代替静载试验而作为确定单桩承载力的设计依据。

Case 法判定单桩承载力，其模型和机理简单，但阻尼系数 J 的正确取值较为困难。

用应力波反射法检测桩身结构完整性，物理意义明确，对浅层存在严重缺陷位置的判断较准确，对深层多层缺陷位置的判别尚有待研究改进之处。

7.2　工　程　实　例

7.2.1　实例 1

上海地区某工程，预制钢筋混凝土方桩，桩长 45m，截面 45cm×45cm。使用 K-35 柴油锤，锤心重力 35kN，锤体重力 105kN，锤心刚度 33.66MN/cm，跳起高度 $H=171$cm，喷气口至铁砧距离 $h=40$cm；锤垫弹簧常数 12.46MN/cm，恢复系数 0.6；桩帽重力 12.0kN，桩垫弹簧常数 8.66MN/cm，恢复系数 0.5；桩的弹性模量 $E=3.5\times10^4$ MPa，共分 18 段，$L(i)=2.5$m，每米桩重 5.87kN；土阻尼系数桩侧 0.33，桩端 0.49；土的最大弹性变形 $Q=0.254$cm，桩尖阻力分配比 $\alpha=0.2$，桩侧阻分布见图 7-1，现场实测最终贯入度为 5mm。Smith 波动方程得到的打桩反应曲线和应力曲线见图 7-1。从打桩反应曲线上可立即得出该桩极限承载力为 2.3MN。

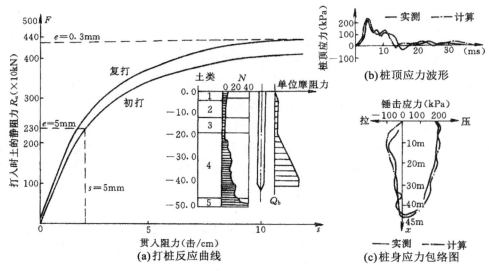

1—亚黏土；2—淤泥质亚黏土；3—淤泥质黏土；4—亚黏土；5—亚砂土

图 7-1　Smith 法分析结果与实测值

7.2.2 实例2

湖北某电厂扩建工程，结构基础采用钻孔灌注桩，桩总数量为 246 根，桩径为 0.6~0.8cm；桩长不等，最长的为 20m，最短的为 3m。为确保桩基工程质量，对其中 64 根桩进行了质量检测。试验中除采用反射波法之外，还采用了功率谱方法校核。现场检测试验分 3 次进行。

1. 测试原理与测试方法

1）应力波传播法

根据弹性固体内波的传播理论，在桩顶激振产生的纵波（压缩波）沿轴向传播，当遇到桩尖底端端面或内部缺陷（断裂、夹层、径缩、混凝土离析等）形成的界面而发生反射，从桩顶上所测得的加速度或速度波形图上，就可以得出纵波从桩顶到桩底或桩身内部缺陷分界面反射回桩顶所需要的传播时间 t，然后根据下式：

$$V_P = \frac{2L}{t} \text{ 或 } L = \frac{V_P t}{2} \tag{7-1}$$

就可以确定波速 V_P 或桩长 L，从而根据有关数据分析、判断桩身混凝土的质量和完整性。

2）功率谱法

对于端承桩，相当于一端固定，一端自由的柱。根据结构动力学理论，它的固有频率为：

$$\omega = \frac{2i-1}{2L} = \sqrt{\frac{E}{\rho}} = \frac{(2i-1)\pi}{2L}V_P \text{ 或 } f = \frac{2i-1}{4L}V_P \quad (i = 1, 2, 3, \cdots)$$

式中：L——桩长；

V_P——混凝土桩中的应力波传播速度。

两相邻共振频率的频率差 Δf 为：

$$\Delta f = f_i - f_{i-1} = \frac{V_P}{2L} \tag{7-2}$$

对于摩擦桩，桩尖处为软土，相当于两端自由的柱。它的固有频率为：

$$\omega = \frac{i\pi}{L}V_P \quad \text{或} \quad f = \frac{iV_P}{2L} \quad (i = 1, 2, 3, \cdots)$$

两相邻共振频率之间的频率差 Δf 为：

$$\Delta f = f_i - f_{i-1} = \frac{V_P}{2L} \tag{7-3}$$

由此可得出：对端承桩或摩擦桩两相邻共振频率之间的频率差均为 $\Delta f = \frac{V_P}{2L}$。

根据桩顶所测得的振动信号（加速度或速度）作频谱分析，得出信号的功率谱图，从功率谱图上就可以确定 Δf，由式 7-1 可以计算应力波波速 V_P 或桩长 L。从而根据有关数据及资料就可分析和判断桩身的完整性、混凝土质量以及计算桩的承载力等。

3）试验方法

首先将桩顶平面整平，然后用石膏将传感器牢固地固定在桩顶平面周边，用铁锤锤击桩顶中心部位。本试验在桩顶平面对称布置了 4 个压电式加速度计和 2 个磁电式速度传感器，用 18 磅和 22 磅铁锤在桩顶分别锤击 8 次。

测点布置与测试系统如图 7-2 所示。

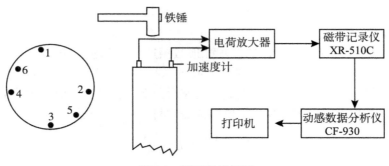

图 7-2　测试系统框图

通过压电式加速度计、速度传感器及相应的电荷放大器、测振仪测量各测点的振动加速度和速度信号，由磁带记录仪记录、存贮，然后回放到动态信号分析仪（CF-930F·F·T 分析仪）进行数据处理，可得到各测点的加速度、速度波形图及相应的功率谱图。

2. 测试成果与分析

根据所测得的 64 根桩原始波形图及功率谱图，用式（7-1）计算得出各桩的波速、混凝土标号、桩身完整性及承载力等。现将检测结果列于表 7-2。图 7-3～图 7-8 为部分测点的原始波形及功率谱图。

表 7-2　　　　　　　　　　　　　桩身质量检测结果表

桩号	桩长（m）	直径（m）	波速（m/s）	混凝土质量	混凝土标号	承载力（kN）	桩身完整性评价
21	15.27	0.6	4000	优		1800	基本完整
75	10.38	0.8	3940	好		2580	完整
78	11.49	0.8	4247	优		2840	完整
85	14.45	0.8	4302	优		3160	完整
64	12.59	0.8	3996	好		2810	完整
18	13.05	0.8	3913	好		2770	完整
13	15.86	0.6	4000	优		1240	距桩顶 0.8～1.8m 有局部断裂夹层

桩号	桩长 (m)	直径 (m)	波速 (m/s)	混凝土 质　量	混凝土 标　号	承载力 (kN)	桩身完整性 评价
23	17.59	0.8	3510	好		2810	完整
48	15.47	0.8	4000	优		2830	基本完整，12.5m左右有微小缺陷
20	15.50	0.6	4287	优		1950	基本完整，11.0m左右有微小缺陷
49	15.14	0.8	3882	好		2880	完整
92	9.19	0.8	3910	好		2430	完整
222	12.52	0.8	4005	优		2760	完整
35	17.01	0.8	3910	好		3100	完整
216	12.79	0.6	4051	优		1820	完整
27	15.01	0.8	4000	优		2880	基本完整，11.0m左右有微小缺陷
32	15.40	0.8	4150	优		3200	完整
231	6.39	0.8	3500	好		1850	基本完整
106	15.01	0.8	4128	优		3020	基本完整，7m左右有扩径现象
107	14.97	0.8	4200	优		3070	完整
111	13.55	0.8	4326	优		3030	完整
163	16.37	0.8	4120	优		3140	完整
164	16.77	0.8	3693	好		2860	完整
171	13.62	0.8	4107	优		2670	基本完整，9.5m左右有微小缺陷
159	16.78	0.8	3957	好		3020	完整
134	14.2	0.8	4200	优		2910	基本完整
138	15.65	0.8	4000	优		2990	完整
191	15.54	0.8	3613	好		2640	基本完整，桩头可能略有松散
194	14.34	0.8	4097	优		2980	完整
195	14.45	0.8	3905	好		2840	基本完整，11.5m左右有扩径现象
196	14.27	0.8	4200	优		3040	基本完整，11.5m左右有扩径现象
197	13.92	0.8	4192	优		3010	完整
23	4.5	0.8	4200	优		2080	完整
24	4.49	0.8	4176	优		2070	完整
25	4.5	0.8	4176	优		2070	完整
208	3.28	0.8	2803	差		1370	基本完整，桩头可能松散破碎

续表

桩号	桩长 （m）	直径 （m）	波速 （m/s）	混凝土 质　量	混凝土 标　号	承载力 （kN）	桩身完整性 评价
180	3.13	0.8	4200	优		1930	完整
176	4.30	0.8	3500	好		1710	完整
178	2.89	0.8	3556	好		1610	完整
41	3.27	0.8	4194	优		1940	完整
40	3.04	0.8	3630	好		1650	完整
174	5.19	0.8	4300	优		2190	完整
39	4.1	0.8	4300	优		2070	完整
10	10.2	0.8	4291	优		2730	完整
13	7.73	0.8	4250	优		2540	完整
118	10.90	0.8	4300	优		2820	完整
121	3.66	0.8	4300	优		2070	完整
200	8.58	0.6	4000	优		1410	基本完整
217	15.68	0.8	4300	优		3050	完整
215	18.49	0.6	4300	优		2190	完整
201	5.81	0.6	4256	优		1340	完整
145	16.07	0.6	3740	好		1800	基本完整，12m 左右有微小缺陷
4	8.32	0.6	4053	优		1450	完整
5	8.36	0.6	4300	优		1560	完整
154	3.77	0.8	4300	优		2040	完整
153	3.53	0.8	3972	好		1860	完整
147	3.53	0.8	4383	优		2050	完整
148	3.49	0.8	4040	优		1830	基本完整
35	3.19	0.8	4092	优		1880	完整
150	3.03	0.8	4200	优		1100	1.5m 左右有缺陷（夹层或断裂）
152	3.18	0.8	4232	优		1950	完整
34	3.64	0.8	4039	优		1900	完整
试桩 S2	23.80	0.5	3800~4200				6.6~8.5m 范围有缺陷（夹层或断裂）
试桩 S3	29.85	0.5	3800~4200				2.5~3.0m 范围有断裂， 6.7~8.5m、17~19m 范围有缺陷

根据以上检测结果分析如下:

(1) 试验中绝大部分测试结果的对称性、重复性均较好,表明测试结果是可靠的;

(2) 综合全部检测结果,桩身混凝土中的波速较高。波速低于 3000m/s 的仅 1 根桩,相当于混凝土标号为 $100^{\#}\sim150^{\#}$;波速在 3500~4000m/s 之间的有 17 根桩,相当于混凝土标号为 $200^{\#}\sim300^{\#}$;大于 4000m/s 的桩有 46 根,相当于混凝土标号为 $300^{\#}$。由此可见,桩身混凝土的质量是优良的。

(3) 所检测的 64 根桩中,桩身完整或基本完整的有 50 根,这类桩都属于完好的桩;桩身有微小缺陷的有 10 根桩,这类桩仍可满足工程要求;有严重缺陷的有 4 根,其中试桩 2 根,工程桩 2 根,严重缺陷主要指桩身发生断裂或局部断裂、夹层等现象,桩身完整性遭到破坏,这类桩不能满足工程要求,应采取工程措施,以保证上部结构的安全。

(4) 部分典型桩的分析实例。

①桩身完整性好的桩。

$107^{\#}$桩:图 7-3 为 $107^{\#}$桩桩顶测点加速度波形图及功率谱图。从波形图可以看出,加速度波形光滑、完整,比较有规律。近似自由振动衰减曲线,波形图上有比较明显的一个反射波,反射时间为 $\Delta t = 7.07\text{ms}$。按式 7-1 计算,得出波速 $V_p = 4271\text{m/s}$,从功率谱图可得出各相邻峰值之间的频率差 $\Delta f = 142\text{Hz}$,按式 7-2 功率谱法计算的波速 $V_p = 4262\text{m/s}$,两种方法计算结果一致。根据波速可判断桩身混凝土浇筑质量优,混凝土标号可达到 $300^{\#}$,加速度波形正常,仅有桩尖反射波,无其他异常现象。可见 $107^{\#}$桩桩身完整性好,无缺陷。

$49^{\#}$桩:图 7-4 为 $49^{\#}$桩桩顶加速度波形图,波形完整有规律,也近似为自由振动衰减曲线,从波形图上可以看到一个反射波,反射时间 $\Delta t = 7.863\text{ms}$,以实际桩长按式 (7-1) 计算的波速为 3851m/s,等于正常桩的波速,桩身混凝土标号接近 $300^{\#}$。因此,$49^{\#}$桩浇筑混凝土质量优良、桩身无缺陷、完整性好。

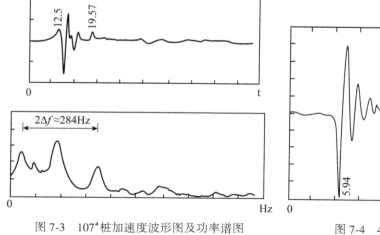

图 7-3　$107^{\#}$桩加速度波形图及功率谱图　　　　图 7-4　$49^{\#}$桩加速度波形图

②桩身有微小缺陷的桩。

106#桩：图 7-5 为 106#桩桩顶测点振动波形图及功率谱图，从波形图上可以明显地看到两个反射波，第一个反射波的反射时间 $\Delta t = 3.52$ms，第二个反射波的反射时间 $\Delta t = 7.81$ms，若按平均波速 $V_p = 4000$m/s 计算，对应于第一个反射波的计算桩长 $L' = 6.8$m，远小于实际桩长 15.01m，可见距桩顶 6.8m 处桩身有缺陷，从反射波的特性可初步判断缺陷性质为桩身扩径；对应于第二个反射波的计算桩长 $L' = 15.82$m，略大于实际桩长，这是由于应力波通过距桩顶 6.8m 处的缺陷后能量有所损耗，波速有所降低而造成的，若以实际桩长考虑，第二个反射波是从桩尖发生的，按式（7-1）计算的波速 $V_p = 3844$m/s，这也属于正常的波速。

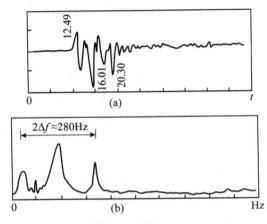

图 7-5 106#桩加速度波形图及功率谱图

综上所述，距桩顶 6.8m 处的桩身有微小缺陷，但对桩身完整性及承载力均无大的影响，仍可满足工程桩的使用要求。

171#桩：图 7-6 为 171#桩桩顶波形图及功率谱图。从波形图上也可以明显地看出两个反射波，第一个反射波时间 $\Delta t = 4.49$ms，计算长度为 $L' = 9.4$m，小于实际桩长 13.62m，可见距桩顶 9.6m 左右有缺陷。第二个反射波的反射时间 $\Delta t = 6.64$ms，按实际桩长计算的波速 $V_p = 4102$m/s，从功率谱图上可得出各峰值频率之间的频率差 $\Delta f = 161$Hz，按式（7-3）计算的波速 $V_p = 4300$m/s，两种方法计算结果相近。由此可见该桩桩身有微小缺陷，对桩身完整性影响不大，对应力波的传播及桩身频率特性均无明显的改变。从桩身完整性、混凝土质量、承载力等方面完全可以满足工程桩的使用要求。

③有严重缺陷的桩。

试桩 S3：图 7-7 为试桩 S3 桩顶加速度波形图及功率谱图，波形图与其他正常桩或有微小缺陷桩的波形特征完全不同，没有自由振动衰减曲线的规律，前部分波形没有明显的衰减，幅值变化不大，随后的波形幅值骤减而且衰减很快。在前部分波形中可清楚地看到多个反射波，反射时间 $\Delta t = 1.5$ms 左右，以平均速度 3800～4200m/s 并按式

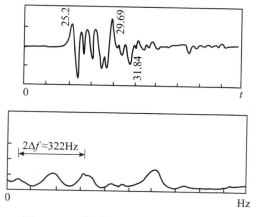

图 7-6　171#桩加速度波形图及功率谱图

(7-1)计算的桩长 $L' = 2.5 \sim 3.0$m，从波形图的特征可判断距桩顶 $2.5 \sim 3.0$m 处桩身有严重缺陷，缺陷性质属于桩身断裂或夹层，应力波传播在桩身断裂处中断，从而在桩顶和桩身断裂面往复传播，在波形图上形成多个反射波，经一段时间后能量很快损耗。

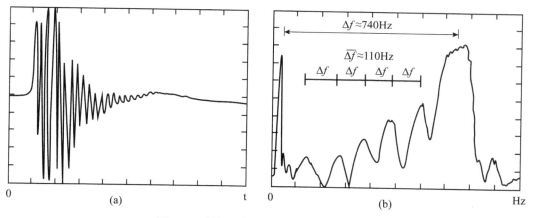

图 7-7　试桩 S3 加速度波形图及功率谱图

功率谱图形也是典型的有断裂或夹层缺陷桩的功率谱图形。功率谱有多个驼峰，第一个驼峰与最高驼峰之间的频率差 $\Delta f = 740$Hz，以波速 $V_p = 3800 \sim 4200$m/s 并按式(7-3)计算的有效桩长 $L' = 2.16 \sim 2.8$m，与应力波传播理论计算结果一致，即在距桩顶 $2.5 \sim 3.0$m 处有断裂现象，使得桩身的频率特性发生变化。图形明显反映的是该桩断裂面以上部分的频率特性。功率谱图形中小驼峰之间的频率差 $\Delta f = 110$Hz，按式（7-3）计算的桩长 $L' = 17 \sim 19$m，小于实际桩长 29.85m，表明距桩顶 $17 \sim 19$m 处还有缺陷。

综上所述，试验桩 S3 具有严重缺陷，除距桩顶 $2.5 \sim 3.0$m 处有断裂现象外，距桩

17~19m 处还有其他缺陷。施工单位对该桩进行了现场开挖检查，当挖到距桩顶 2.0m 处，发现桩身断裂。

13#桩：图 7-8 为 13#桩桩顶振动加速度波形图及功率谱图形，两种图形的特征和试桩 S3 完全相似，从图形上也可初步判断 13#桩有严重缺陷，属断桩类型。按应力波传播理论计算的有效桩长 $L' = 0.8$m，按功率谱法计算的有效桩长 $L' = 0.75 \sim 1.0$m，由此可判断在距桩顶 1.0m 左右有断层或夹层现象，桩身遭到破坏，不能满足工程桩的要求，应采取改进措施。

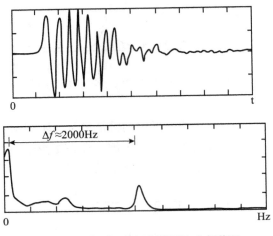

$\Delta f \approx 2000\text{Hz}$

图 7-8　13#桩加速度波形图及功率谱图

7.3　应用策略

采用 Smith 法预估单桩承载力时，要预先确定的参数值很多。如桩锤的效率系数、桩锤的弹簧系数、锤垫的弹性模量和恢复系数、桩垫的弹性模量和恢复系数、桩身的弹簧系数、桩周土的最大弹性位移和阻尼系数、桩底土的最大弹性位移和阻尼系数以及桩底土阻力占总阻力的百分比。这些参数变动对成果影响的灵敏度是不一样的，其中垫层材料的弹性模量和恢复系数、桩底土阻力占总阻力的百分比以及桩侧土阻力的阻尼系数对计算成果的影响很大。这里结合我们运用的过程谈谈体会。例如第 1 章中的试桩实例，武汉外贸码头钢管桩进行打桩试验动测之后，我们根据有关书籍的介绍选定了各项参数，将实测加速度和应力一同输入计算程序得到的打桩静阻力 R_u 远小于试验值。打桩半年后进行静力压载试验，直接得到两试桩的阻力分布和阻尼系数，以及桩底土阻力占总阻力的百分比分别为 18% 和 31%。将这些数据重新输入计算程序，所得结果与试验值很接近，这说明上述参数值不能盲目确定，最好进行小型的模型试验，建议模型土取用与原型相同的土，模型桩与原型桩材料相同并按比例缩小，按正常程序进行静力压载试验，从而得到有关参数并代入计算程序，这样就可以得到可靠的原型桩的打入静阻力。

关于锤垫和桩垫的参数，我们也建议通过自行试验确定。目前采用的垫层材料大致有硬木、杂木板、松木、橡胶石棉板等，也有采用碟形弹簧的。对于以上各类垫层材料的特性及其优缺点，许多学者仅局限于静力试验研究较多，而对动力试验研究尚少。所以关于前者的报道文献较多，后者的报道较少，而我们感兴趣的正是后者，即垫层材料的动力特性，因为它符合打桩的实际过程。在打桩的运动过程中，垫层材料需承受成千上万次的锤击，随着锤击次数的增加，材料被打硬砸实，以致烧焦劣化变硬，弹性性能降低，从而导致桩身和桩头破坏。这里反映弹性性能的主要力学指标是弹性模量和恢复系数。只有弹性模量稳定，恢复系数高的垫层材料，打桩效果和质量才会良好。本书选择使用较多的松木和橡胶石棉板以及碟形弹簧作为研究对象，应用多种试验方法对其进行静力和动力性能的试验研究，特别是重点探讨以上三种垫层材料的弹性模量和恢复系数以及锤击力波形的变化规律。由于碟形弹簧的力学性能较稳定，属于线性材料，它的静力学性能和动力学性能基本无变化。

7.3.1　静力试验

垫层材料的试件尺寸按静力试验规范进行。试件为长方体，其高宽比为 2，即 80mm×80mm×160mm，如图 7-9 所示。对于松木则按一般顺纹抗压试验要求进行。对于橡胶石棉板则由 28 块叠合而成，每块厚度为 6mm。两种垫层均在无侧向约束条件下开展试验，且每种垫层材料都取三组试件分别进行。

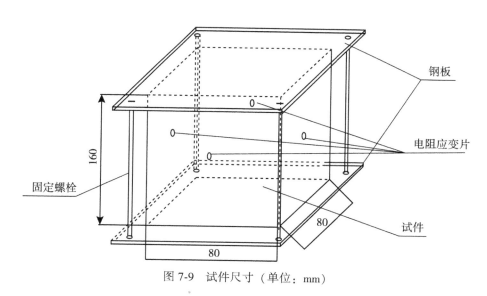

图 7-9　试件尺寸（单位：mm）

静力加载在万能试验机上进行。为了使垫层材料的力学性能在稳定的情况下进行测定，吸取前人的经验，采用反复加载 10 次，每次分为 8 级或 10 级，每次每级均读取变形位移值和应变值，这样便可取得垫层性质随加载次数而变化的关系。成果一般以最后一次读数为准。

对于松木和橡胶石棉板试件，首先要表面刨光修理平整，保证试件的均匀性，然后再在试件的中部对称面上粘贴电阻应变片，以便获得材料的应变值。其应变值由静态应变仪测量，变形位移值由百分表读取。

弹性模量（E）和恢复系数（e）是垫层材料的主要力学性能指标。前者一般取相应的应力水平下的直线或割线斜率。后者为垫层变形所消耗的能量（外力所做的功）与回弹时所恢复的能量之比值的平方根，见图 7-10，即：

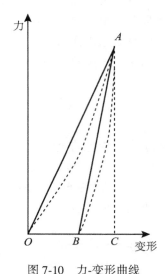

图 7-10 力-变形曲线

$$e^2 = \frac{\text{回弹时释放能量}}{\text{变形时耗用能量}} = \frac{\triangle ABC \text{ 的面积}}{\triangle OAC \text{ 的面积}} \tag{7-4}$$

因此，恢复系数的取值方法为：分别由垫层材料应力应变曲线的加载段与卸载段下覆盖的面积比值决定。

弹性模量（E）的取值方法则为：应力应变曲线平直段的斜率或割线模量。

垫层材料静力压载试验是在室内温度 5~6℃ 范围内进行的，温差变化很小。下面分别介绍各类垫层材料的试验结果。

1. 松木垫层的结果

为了真实反映垫层材料的性能，在正式加载之前均给每组试件约 5kN 预压力，然后分为 10 级加载，每级 10kN。图 7-11 为代表性的应力应变曲线。三组试件的试验结果见表 7-3。为便于分析，特将沈慧容等（1986）研究的结果对比列于表 7-3 中。

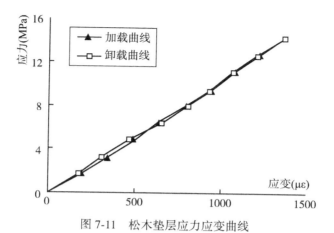

图 7-11 松木垫层应力应变曲线

表 7-3 松木垫层实测物理力学特性

试件组号	树种	容重 (N/cm³)	试件尺寸 (mm)	弹性模量（MPa）		恢复系数	
				E	$\bar{E}$	e	$\bar{e}$
1#	松　木	0.00455	80×80×160	8533		0.931	
2#	松　木	0.0044	80×80×160	10705	9596	0.99	0.971
3#	松　木	0.00428	80×80×160	9549		0.99	
沈慧容等（1986）	硬　木	0.0085	20×20×50	—	21376	—	0.991
沈慧容等（1986）	枫香木	0.0056	20×20×50	—	11991	—	0.972
沈慧容等（1986）	橡　木	—	—	—	6897~13795	—	0.50
沈慧容等（1986）	橡木（横纹）	—	—	—	276~690	—	0.50

由图 7-11 可知，松木压载时应力应变的加载点和卸载点基本上都在同一直线上。故弹性模量（E）取直线的斜率。

从表 7-3 的试验结果可得：

（1）松木的弹性模量远小于硬木，略小于枫香木，即 $\bar{e}=9596MPa$。三种木材的容重也有类似规律；

（2）松木、硬木和枫香木的恢复系数都很接近，即 $e=0.97\sim0.99$，与常用值 $e=0.5$ 相比，试验值普遍偏大。

2. 橡胶石棉板垫层的结果

橡胶石棉板试件共三组。在加载之前，首先也给每组试件约 8kN 预压力，然后分为 8 级加载，每级 4kN。

由于橡胶石棉板较薄，故只试验了多块叠合试件。每块板厚 6mm，由 28 块叠合，以保持高宽比大于 2。橡胶石棉板代表性应力应变曲线见图 7-12。三组试件试验结果见

表 7-4，为便于分析，也将沈慧容等（1986），吕茂烈等（1958）和钱家欢等（1996）研究的结果对比列于表中。

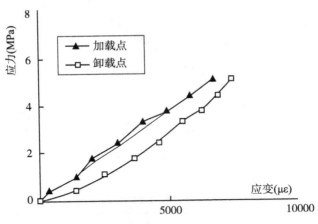

图 7-12　橡胶石棉板应力应变曲线

表 7-4　　　　　　　　　　　　　　**橡胶石棉板垫层实测物理力学特性**

试件组号	树种	容重（N/cm³）	试件尺寸（mm）	弹性模量（MPa）		恢复系数	
				E	$\bar{E}$	e	$\bar{e}$
1#	28 块叠合	0.0194	80×80×160	716		0.67	
2#	28 块叠合	0.0194	80×80×160	877	770	0.76	0.71
3#	28 块叠合	0.0193	80×80×160	738		0.70	
沈慧容等（1986）	19 块叠合*	0.016	20×40×121.5	—	1040	—	0.74
吕茂烈等（1958）	25 块叠合**	0.018	20×20×117.5	—	1240	—	0.77
钱家欢等（1996）	—	—	—		316	—	0.5（常用值）

注：＊美国产品，灰白色，厚 6.4mm，产地不详；

＊＊中国产品，灰褐色，厚 4.7mm，北京市石棉厂 XB450 型。

从图 7-12 可以看出：

（1）橡胶石棉板的应力应变曲线无明显直线段，因此弹性模量（E）取割线模量的平均值，即 $\bar{E}$ =770MPa；

（2）本次试验弹性模量（E）略小于沈慧容（1986）的实测值，这主要是石棉板成分性质、厚度、试件高度以及制造厂家等不同影响因素所致。本试验的恢复系数与沈慧容等（1986）测试值很接近，即 $\bar{e}$ =0.71。但它们都大于常用值 e =0.5，试验值也明显偏大。

7.3.2 动力试验

为了准确地获得垫层材料的动态应力-应变性能，我们自己制造了一架简易自落锤打桩机。该机架总高 3.5m，由滑道、支架、车轮、滑轮、钢丝绳等组成，自由落锤重 500N，由吊钩吊起，可自动脱钩落下，最大下落高度达 2.5m，整机可通过下部轮子推动移位。简易自落锤打桩机不仅能用于垫层材料的动力试验，而且能够较好地打入小型钢管桩。

动弹性模量有以下两种试验方法：

1. 悬臂梁振动频率反推法

采用悬臂梁振动频率反推动弹性模量是结构动力模型试验的常用方法。这个方法是先测定悬臂梁试件的自振频率，再根据结构动力学（克拉夫著，1975）中已经推导出的自振频率计算公式反推求定，当梁呈横向自由振动时，其动弹性模量与自振频率的关系式为：

$$f = \frac{3.52}{2\pi L^2} \sqrt{\frac{E_d I}{m}}$$

（7-5）

式中：E_d——材料的动弹性模量；

I——悬臂梁的惯性矩；

m——单位体积的质量；

L——悬臂梁的长度；

f——悬臂梁的第一阶自振频率。

由于悬臂梁的自振频率（相对其他形式构件）较低，便于敲击起振，很容易测定它的第一阶自振频率。试验时将试件的一端固定，另一端自由，轻微敲击。振动信号由粘贴在试件上的电阻应变片拾取，经动态应变仪放大，由示波器记录。

2. 动态应力-应变曲线斜率法

首先将电阻应变片粘贴在试件上，并把试件置于自落锤下，由自制打桩机完成自由落体锤击过程。经动态应变仪放大信号，示波器记录，从而得到垫层材料的动应变，而动应力则由实测作用力计算而得。

动恢复系数的试验方法采用同济大学（1980 年）提出的方法。即利用小球对平板的正碰撞来测定 e。将欲测定恢复系数的材料制成小球 A 和比小球大许多倍的平板 B（平板可视为固定的水平面）。设小球自高度 h_1 自由落下与平板进行正碰撞后回跳至某一高度 h_2（图 7-13）。由于碰撞时动能的损失，h_2 恒小于 h_1，以 V_A 和 U_A 分别表示小球在碰撞前后的速度，它们的指向如图示，取 x 轴向上为正，显然 V_A 和 U_A 在 x 轴向上的投影为 $V_A = -\sqrt{2gh_1}$ 和 $U_A = \sqrt{2gh_2}$。因平板视为固定，故知 $V_B = U_B = 0$，于是有：

$$e = -\frac{U_A}{V_A} = \frac{2gh_2}{2gh_1} = \frac{h_2}{h_1}$$

（7-6）

依据上述方法，我们将垫层材料加工成小球进行碰撞试验。

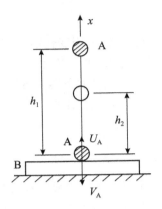

图 7-13   小球碰撞试验示意图

本次试验不论是方法 1 还是方法 2，对于每种垫层材料均做三组试件，有关试件尺寸及试验结果详见表 7-5 和表 7-6。动态应力-应变曲线和自落锤下降高度-应变曲线见图 7-14。试验时室内温度为 7~8℃。

表 7-5   松木垫层实测动弹性模量

试验方法	试件编号	试件尺寸（mm）	动弹性模量（MPa）		静、动弹性模量比值 E_j / E_d
			E	$\overline{E}$	
方法 1	1#	35×20×150	7026	6998	1.37
	2#	35×20×150	6470		
	3#	35×20×150	7496		
方法 2	1#	80×80×160	7955	6610	1.45
	2#	80×80×160	6091		
	3#	80×80×160	5786		

表 7-6   石棉垫层实测动弹性模量

试验方法	试件编号	试件尺寸（mm）	动弹性模量（MPa）		静、动弹性模量比值 E_j / E_d
			E	$\overline{E}$	
方法 1	1#	1.26×30×17	600	600	1.28
	2#	1.26×30×17	373		
	3#	1.26×30×17	827		

续表

试验方法	试件编号	试件尺寸（mm）	动弹性模量（MPa）		静、动弹性模量比值 E_j/E_d
			E	$\overline{E}$	
方法2	1#	80×80×160	421		
	2#	80×80×160	443	421	1.83
	3#	80×80×160	400		

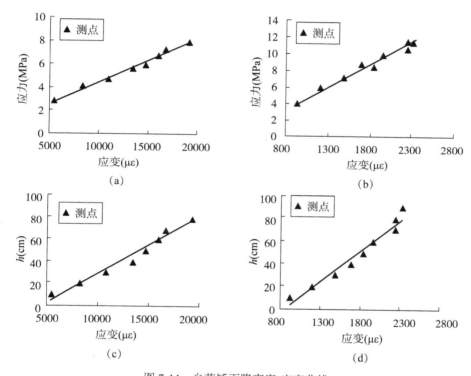

图 7-14　自落锤下降高度-应变曲线

　　在方法2中，由于试验之前，对每组试件均施加了预应力，故松木垫层和石棉垫层的动态应力-应变曲线和锤的下降高度-应变曲线的变化规律相同。实测各点基本上在同一直线上，即为线性关系。与静态应力-应变曲线比较，二者斜率相差较大，也就是静弹性模量高于动弹性模量，幅度大致在30%~80%。由方法1获得之值实际上是一个弯曲振动动弹性模量。而方法2获得之值是锤击压缩动弹性模量，其二者振动特性、受力方向、荷载形式均不相同，故实测动弹性模量稍微有点差别也是正常的。表7-5和表7-6的试验数据证实，弯曲动弹性模量略高于锤击压缩动弹性模量。这里我们感兴趣的还是方法2的实测结果，因为其试验方法和打桩现象类似。这里方法1的实测结果仅起分析对比作用。

根据前面所述试验方法，我们将松木、橡胶石棉板和钢板分别加工成小球，其直径分别为 63mm、71mm 和 30mm，基础平板 1.5m×2.0m，板厚 6~20cm，板重远远大于球重。试验时测定球的自由下落高度和回弹高度，取 15~20 次的平均值，试验结果见表 7-7。

表 7-7   垫层材料实测动恢复系数

序号	垫层材料与碰撞类型	动恢复系数		静恢复系数
		本次试验实测值	常用值	
1	石棉球正碰撞石棉板	0.5	0.5（钱家欢等（1996））	0.71
2	石棉球正碰撞钢板	0.57	—	—
3	松木球正碰撞松木板	0.52	0.3（钱家欢等（1996））0.5（吕茂烈等（1958））	0.971
4	松木球正碰撞钢板	0.53	—	
5	钢球正碰撞石棉板	0.43	0.5（钱家欢等（1996））	—
6	钢球正碰撞松木板	0.31	0.3（钱家欢等（1996））	—
7	钢球正碰撞钢板	0.60	0.56（吕茂烈等（1958））	—

由表 7-7 可知实测动恢复系数比静力试验恢复系数要小得多。利用小球对平板的正碰撞与打桩过程很类似，关键是它能反映碰撞过程中的动能损失，与恢复系数的本来定义相符。又由于打桩的碰撞时间非常短促，故在碰撞过程中试验实测高度值未计物体的变形（位移），这是允许的。因为材料本身的变形值与回弹高度值相比是极小极小的，因此表 7-7 中实测动恢复系数与常用值很接近，说明本次试验测定方法是合理的。从表 7-7 还可以看出：第 1 行和第 2 行的动恢复系数比第 5 行大，第 3 行和第 4 行的动恢复系数比第 6 行大，即石棉球正碰撞石棉板或钢板的恢复系数比钢球正碰撞石棉板大；松木球正碰撞松木板或钢板的动恢复系数比钢球正碰撞松木板大。这里前者大于后者，而后者与打桩类似，属于钢锤碰撞木头（或石棉板）。因此取第 5、6、7 行的动恢复系数分析打桩过程更切合实际。

7.3.3　讨论

（1）静力试验和动力试验所得弹性模量和恢复系数相差较大，静力试验值普遍大于动力试验值，其主要原因是：

①静力加载的速率和循环次数都限定在一定范围内，不足以反映打桩时的真正动态性状，静力试验值只能反映压载过程中垫层材料的静态特性；

②动力试验是模拟打桩过程，由自由落锤锤击垫层，形成一个复杂的碰撞过程。打桩过程的特点是碰撞时间非常短促，但在这极短的时间内物体的速度或动量却发生有限

的改变。所以作用在物体上的力是非常巨大的。动力试验方法保持了打桩的这些特点。

（2）由表 7-7 可知，垫层材料动恢复系数与常用推荐值很接近，与吕茂烈等（1958）研究的结论一致，说明该试验方法是合适的。许多文献中的恢复系数一般指同种材料的碰撞过程，这与打桩实际不相符，真正打桩是两种不同材料之间的碰撞，属于恢复系数的复合问题。故我们认为，应选用钢球正碰撞松木或石棉板或钢板的动恢复系数。否则恢复系数偏大。

7.3.4 结论

（1）松木和石棉板的动应力应变关系与静态并不一样，其静弹性模量远大于动弹性模量。为了用波动方程分析打桩性状的准确性，我们建议取用锤击压缩动弹性模量更合理。许多文献建议用静力试验代替动力试验（钱家欢等（1996）），看来并不合理。

（2）松木和石棉板的静恢复系数高于动恢复系数。为了切合打桩实际，我们建议取用钢球正碰撞松木或石棉板的动恢复系数。通过试验证实，碟形弹簧的恢复系数达到 0.9 以上，远大于松木和石棉板，并且碟形弹簧在长期的锤击作用下，恢复系数基本保持不变，这对打桩极为有利，应为首选的垫层材料。

（3）当选用松木和石棉垫层时，应及时替换新垫，以保持最佳性能，从而克服随着锤击次数的增加，弹性性能降低的缺点。

第8章 单桩承载力原位试验

8.1 概　述

单桩静载试验有多种类型，如单桩竖向抗压静载试验，单桩竖向抗拔静载试验，单桩水平静载试验，单桩抗压、水平共同作用静载试验，以及单桩抗拔与水平共同作用静载试验等。本章着重介绍单桩竖向抗压、抗拔及水平静载试验。

8.1.1 单桩竖向抗压静载试验

通过现场足尺静载试验，可以得到试桩的荷载沉降曲线即 Q-S 曲线。它是桩破坏机理和破坏模式的宏观反应，静载试验过程中所获取的每级荷载作用下桩顶沉降随时间的变化曲线，有助于对试验结果的分析。当埋设有桩底和桩身应力、应变测试元件时，尚可直接测定桩周各土层的极限侧阻力和极限端阻力，以及桩端的残余变形等参数，进而探讨桩的设置方式、地层剖面、土的类别等因素对单桩荷载传递规律的影响以及桩端阻力与其上侧摩阻力的相互作用。利用静载试验还可对工程桩的承载力进行抽样检验和评价。

《建筑桩基技术规范》（JGJ94，以下简称"桩基规范"）对单桩竖向极限承载力标准值的确定做如下规定：

对一级建筑物桩基，应采用现场静荷载试验，并结合静力触探、标准贯入等原位测试方法综合确定；

对二级建筑物桩基，应根据静力触探、标准贯入、经验参数等估算，并参照地质条件相同的试桩资料，综合确定；当缺乏可参考的试桩资料或地质条件复杂时，应由现场静荷载试验确定；

对三级建筑物桩基，如无原位测试资料时，可利用承载力经验估算。

8.1.2 单桩竖向抗拔静载试验

高层建筑的基础及高耸水塔的桩基、发射塔的锚缆、输电线塔杆的基础，以及许多工业设备装置都要求承受上拔力。在估算单桩抗拔承载力时，有学者提出其单位侧阻力对于黏性土一般取受压荷载下的值，对于非黏性土则取受压荷载下的 70%（即抗拔系数 λ）。在桩基规范中明确规定，对于一级建筑物，基桩的抗拔极限承载力标准值应通过现场单桩抗拔静载荷试验确定。对于非黏性土和粉土取 0.7～0.8，其长径比小于 20 时取最小值。通过试验，为工程设计和保证质量进一步提供数据。

8.1.3　单桩水平静载试验

在水平荷载作用下的单桩静载试验常用以确定单桩的水平承载力和地基上水平抗力系数的比例系数值或对工程桩的水平承载力进行检验和评价。水平受力桩通常有四种分析计算方法，即地基反力系数法、弹性理论法、有限元法和极限平衡法。按是否随水平位移而变化，地基反力系数法又分为非线性（如 p-y 曲线法）和线性两种方法。目前我国工程实践中常用的地基反力系数法是指后者，并假定地基抗力系数沿深度呈线性增长，即 m 法。桩基规范规定，对于受水平荷载较大的一级建筑桩基，单桩的水平承载力设计值应通过单桩静力水平荷载试验确定。

8.2　实例1：钢筋混凝土方桩静力压载试验

受施工单位委托，在武汉大学（原武汉水利电力大学）土木建筑工程学院结构振动实验室对两根混凝土方桩进行静力压载试验。

8.2.1　试验砂坑与试桩

试坑为长方体砂坑，其面积为 2.7m×1.5m，深度为 1.7m。砂坑底部为硬黏土，含水量 ω 为 18%，液性指数 IL 为 0.25。试坑内填满匀质的砂，其比重 G_s 为 2.62。试坑内两侧为混凝土墙，另外两侧为与基土相同的硬黏土。

试验所用砂料为一般建筑用砂。为了保证含水量均匀，砂料经过抛晒、筛分后分层填入试坑。每层厚度大约 300mm，每填完一层，采用相同的方法击实到一定程度，然后取样。整个砂层的相对密度取各层相对密度的算术平均值。

试桩为钢筋混凝土方桩，采用 C30 混凝土，桩长为 1600mm，其断面尺寸为 100mm×100mm，桩的尖端设置棱锥形桩靴，其长度为 100mm。在砂坑内打入 6 根钢筋混凝土方桩。打桩时采用不同形式的桩帽沉桩，并选择其中的 2 根桩作为静力压载试桩。

8.2.2　试验方法

因为试桩很小，采用直接在桩顶加砝码的方法，砝码重量分别为 10N、20N 和 50N。初级荷载为 1.15kN，以后每级荷载增加 0.8kN。试验时，以等时间间隔连续加载，即采用 1 小时加一级荷载。

试验量测采用百分表，在桩顶左边和右边各安装一个百分表测量桩顶位移。每级荷载读取 3 次，即 5min、30min 和 60min，桩顶沉降量取两百分表的平均值。因两试桩的结果相同，这里以其中的一根试桩为例，其实际测量结果列入表 8-1。

表 8-1　　　　　　　　　　　　试桩竖向抗压静载试验结果汇总表

荷载（kN）	历时（min）		沉降（mm）		荷载回弹值（mm）
	本级	累计	本级	累计	
0	0	0	0	0	6.077
1.15	60	60	0.105	0.105	—
1.95	60	120	0.105	0.210	6.295
2.75	60	180	0.145	0.355	—
3.55	60	240	0.156	0.511	—
4.35	60	300	0.196	0.707	6.512
5.15	60	360	0.193	0.900	—
5.95	60	420	0.198	1.098	—
6.75	60	480	0.222	1.320	6.678
7.55	60	540	0.210	1.530	—
8.35	60	600	0.248	1.778	—
9.15	60	660	0.282	2.060	6.799
9.95	60	720	0.330	2.390	—
10.75	60	780	0.420	2.810	—
11.55	60	840	0.443	3.253	6.908
12.35	60	900	0.937	4.190	—
13.15	60	960	2.758	6.948	—

累计回弹值 6.948-6.077=0.831

　　试验时，还观测了卸载回弹值，每级卸载值为每级加载值的两倍，每级卸载后隔 15min 测读一次。实际测量回弹值见表 8-1。

　　为了确定单桩竖向极限承载力，绘制桩顶荷载与桩顶沉降关系曲线 Q-S 如图 8-1 所示。

　　从图 8-1 可以看出，Q-S 曲线趋于陡降型。E 点是陡降的起始点，其对应的荷载 Q_u 为 12.35kN，即桩的极限承载力为 12.35kN。

　　从表 8-1 和图 8-1 还可以看出，卸载回弹值很小，累计只有 0.831mm。由表 8-1 可知，最后两级荷载作用下，桩的沉降量为前一级荷载作用下沉降量的 2 倍多，满足终止加载条件。

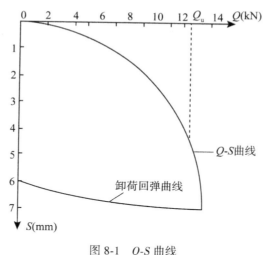

图 8-1　$Q\text{-}S$ 曲线

8.3　实例2：大直径柔性钢管嵌岩桩水平承载力现场原位试验

湖北省某煤炭专用码头采用新颖的柔性墩码头结构形式，由7根大型钻岩嵌固单钢管桩配以消耗浮箱组成，它主要用来承受靠船水平力。为了确定单桩水平承载力，选定5#和7#桩作为试验。

8.3.1　试验现场布置

试验现场布置如图8-2所示。该码头的靠船结构主要由7根大直径钢管桩组成，钢管桩的外径为1400mm，壁厚16mm，桩长30.74～32.24m，试桩选用5#和7#桩。因为5#桩及7#桩离机墩较近，净距仅为5m左右，且桥墩连线与桩排轴线间大致成45°角，故利用机墩上专门设置的反力机构对试验桩施加水平拉力，可直接模拟将来桩身靠船过程中所出现的斜交于桩排轴线的各向水平力。机墩在设计中已考虑了试验荷载的作用。

试桩水平施力点高程为51.76m，距桩顶0.24m。反力机构与试桩之间用钢丝绳连接，用手动葫芦将钢丝绳拉紧，以应力控制方式加载。靠近桩顶（高程51.75m）装有一长量程位移计，以观测桩顶的水平位移 y_0。

8.3.2　桩身测试元件布置及土质分布情况

图8-3为桩身测试元件布置及土质分布图。桩身埋设有应变计29个、测斜计18个、长量程位移计2个，并采用有效的防潮措施以保证实测成果的质量，用 YJ-18 型、

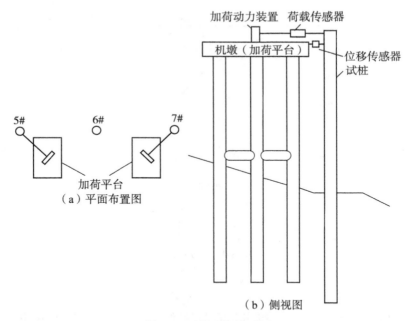

图 8-2　试桩现场布置图

YJ-5 型静态电阻应变仪采集数据，集中统一整理。桩身测试元件的布置原则为：重点探索测定土面以下桩段的应力、弯矩和挠度以及岩土对桩的水平反力分布。而土面以上除水平推力以外无其他外力作用（江水的波浪力很微小，可以不考虑）。同时，由于应变计是桩就位后才安装调零的，故桩身自重应力不参与应变计读数的反应。桩身弯矩和纤维应力的数值，其实测值与理论计算值基本一致，由此说明桩身材质均匀，桩管加工和施工良好，而且还可以用土面以上桩段的应变计实测值数据反演钢桩材料常数和实际惯性矩。

8.3.3　试验加荷方法

由于试验过程中情况良好，无论是桩顶残余变位还是桩身应变计读数残余值都处在容许范围之内，决定做超载 25% 的试验。分 5 级加载，即 50kN、100kN、150kN、200kN、250kN 每级加卸载循环 5 次，每级加卸载均维持 5min。加卸载原则为：

（1）桩顶水平力的最大值应满足钢桩设计最大弯矩值 $540 \times 10^4 \text{N} \cdot \text{m}$ 的要求，不能超过太多。

（2）每级桩顶水平力施加-放松的循环次数以每次循环所产生的桩顶残余变位加以控制，如果残余位移过大，应适当减少循环次数。同时，桩顶残余变位也是最大桩顶水平力的控制因素。

（3）为了保证桩管本身不产生过大的残余变形，在试验过程中密切注意各断面上

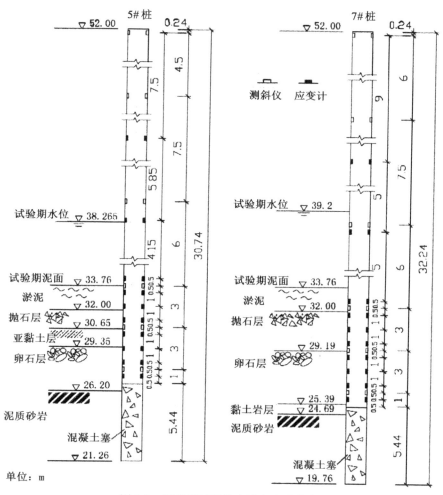

图 8-3 桩身测试元件布置与土质分布

应变计读数的残余值，一旦出现异常也应停止加载。

8.3.4 试验成果与分析

1. 试验成果

由桩身各点应变计的读数可以计算出两试桩在各级荷载下完整的弯矩分布，见图 8-4，而水平荷载-桩顶水平位移（H_0-y_0）曲线见图8-5。同时还整理出两桩在各级荷载下桩顶、泥面、岩面及桩底水平位移量，以及最大弯矩 M_{max} 和相应于 M_{max} 的泥面以下深度 Z_{max}，位移零点距泥面的距离 Z_0，泥面处桩身转角 ϕ_t，见表8-2和表8-3。

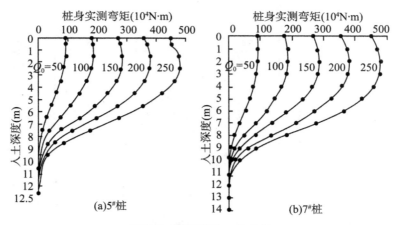

图 8-4　实测弯矩 M 分布图

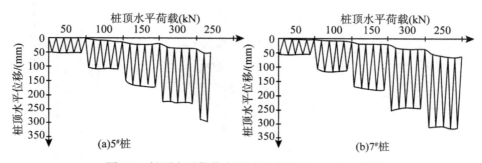

图 8-5　桩顶水平荷载-桩顶水平位移（$H_0 \sim y_0$）曲线

表 8-2　　　　　　　　　　　　　　5# 桩各级荷载下的试验数据

荷载（kN）	y_0（mm）	y_t（mm）	φ_t（10^{-3}rad）	y_g（mm）	y_b（10^{-3}mm）	M_{max}（10^4N·m）	Z_{max}（m）	Z_0（m）
50	50.15	3.322	1.222	−0.9940	−1.512	94	1.2	5.6
100	106.76	8.296	2.713	−0.0656	−2.608	188	1.3	6.7
150	167.02	14.001	4.366	−0.0776	−3.054	285	1.7	6.8
200	226.82	19.600	5.998	−0.1123	−3.397	382	1.8	6.8
250	289.52	25.948	7.75	−0.1449	−4.297	478	1.9	7.2

表 8-3　　　　　　　　　　　　　　7# 桩各级荷载下的试验数据

荷载（kN）	y_0（mm）	y_t（mm）	φ_t（10^{-3}rad）	y_g（mm）	y_b（10^{-3}mm）	M_{max}（10^4N·m）	Z_{max}（m）	Z_0（m）
50	56.17	4.9	1.47	−0.01855	−1.14	93	1.4	7.2
100	116.43	10.762	3.113	−0.06315	−50.11	190	1.6	7.4

荷载(kN)	y_0(mm)	y_t(mm)	φ_t(10^{-3}rad)	y_g(mm)	y_b(10^{-3}mm)	M_{max}(10^4N·m)	Z_{max}(m)	Z_0(m)
150	179.31	17.253	4.868	−0.09585	−42.24	287	2.0	7.7
200	244.05	24.340	6.692	−0.1578	−76.54	382	2.0	8.1
250	310.77	31.787	8.607	−0.2321	−182.4	482	2.2	7.7

注：上表中 y_0、y_t、y_g、y_b 分别表示桩顶、泥面、岩面和桩底的水平位移量，Z_0 为位移零点距泥面的距离，泥面处桩身转角为 φ_t。

2. 试验成果整理与分析

由于现场条件的限制，实测的横向位移 y 只有桩顶附近高程 51.25m 一处的值，因此得不到位移 y 沿桩身的分布情况。但从整个桩在各级荷载以及在超载 25%情况下桩顶最终残余变位绝对值（0~70mm）来看，都比较小，说明桩底端岩基嵌固效应相当明显，桩底残余变位 y_b 一定很微小（在超载 25%情况下，$7^{\#}$ 桩 y_b 也只为 −0.1824mm），所测得的桩顶残余变位量主要由土层的残余变形和桩管的残余弯曲所构成，所以最后数据处理方法为：由桩身弯矩分布图 $M(z)$，桩顶水平位移和桩底水平位移作为边界条件，推求出沿桩身分布的水平位移 $y(z)$、倾角 $\theta(z)$、剪力 $S(z)$ 和桩侧土压力 $p(z)$。

1）绘制桩身挠度曲线图

设备相邻测试断面间弯矩应按直线分布，即差分段内离 i 节点距离 z 处的应变为：

$$\Delta\varepsilon = \Delta\varepsilon_i + \frac{(\Delta\varepsilon_{i+1} - \Delta\varepsilon_i)z}{l_i} \tag{8-1}$$

由材料力学公式 $EI\dfrac{d^2y}{dz^2} = -M$ 以及由桩身应变与桩身弯矩的关系 $M = \dfrac{EI\Delta\varepsilon}{b_0}$ 可得：

$$\frac{d^2y}{dz^2} = -\frac{1}{b_0}\left[\Delta\varepsilon_i + \frac{(\Delta\varepsilon_{i+1} - \Delta\varepsilon_i)z}{l_i}\right] \tag{8-2}$$

对式（8-2）分别积分一次、两次，得各断面转角及位移：

$$\theta_{i+1} = \theta_i - \Delta\varepsilon_i + (\Delta\varepsilon_{i+1} - \Delta\varepsilon_i)\frac{l_i}{2b_0} \tag{8-3}$$

$$y_{i+1} = y_i + \theta_i l_i - (\Delta\varepsilon_{i+1} + 2\varepsilon_i)\frac{l_i^2}{6b_0} \tag{8-4}$$

式中：EI——桩的抗弯刚度；

b_0——测试断面二测点之间距；

$\Delta\varepsilon_i$、$\Delta\varepsilon_{i+1}$——i、$i+1$ 断面弯曲应变；

θ_i、θ_{i+1}——i、$i+1$ 断面转角；

y_i、y_{i+1}——i、$i+1$ 断面横向位移；

l_i——i 单元的长度。

知道了桩顶或桩底的位移或转角即可用式 (8-3) 和式 (8-4) 求得各断面的挠度和转角，见图 8-6 和图 8-7。

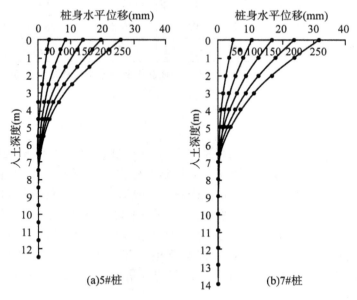

图 8-6 桩身水平位移 y 分布图

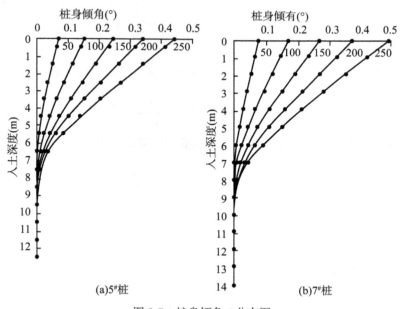

图 8-7 桩身倾角 θ 分布图

2. 侧向土抗力曲线图的绘制

要得到桩在各级荷载作用下所受的土抗力分布图，目前较有效的方法是通过对弯矩的二次微分来求得：

$$\frac{\mathrm{d}^2 M}{\mathrm{d}z^2} = p \tag{8-5}$$

用这种方法求土抗力要求量测的弯矩具有较高的精度。而实际上，上述的实测弯矩是不能满足精度上的要求的，为此须事先对测量得到的弯矩沿桩身进行等距离插值，然后用五点滑移公式进行磨光处理，以对弯矩进行局部修正。最后得沿桩身分布的剪力和桩侧土压力，见图 8-8 和图 8-9，以及两桩的 $p\text{-}y$ 关系曲线图 8-10。

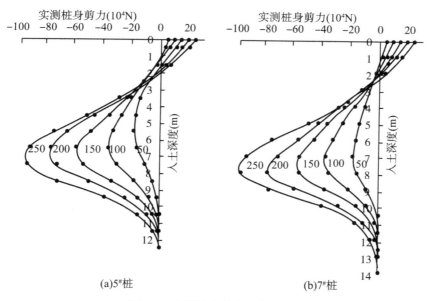

图 8-8 实测桩身剪力 S 分布图

3. 实验结果分析

通过对试验成果的初步处理可以得到以下认识：

从图 8-4 两桩的弯矩分布图可知，在岩层范围内桩的弯矩迅速减小，在距桩底端 1~2m 内的弯矩 M 基本上趋于零，说明岩层的嵌固深度完全满足设计要求，且有较大裕度。即使再适当减少嵌固深度，桩的稳定性仍能得到保证，但这样会导致零值 M 的范围缩小，甚至不出现，而在桩底还可能出现较大的土压力应力集中现象，在重复荷载长期作用下导致残余变位的增加。

由图 8-5 知：①桩在超载 25% 情况下桩顶水平位移不大（7# 桩为 310.77mm，5# 桩为 289.52mm），桩顶残余水平位移也只有 50~70mm。同时，在加载过程中桩顶水平位移的重复性好，未见明显蠕变现象，更未出现岩土整体的屈服现象；②从最初一级荷载

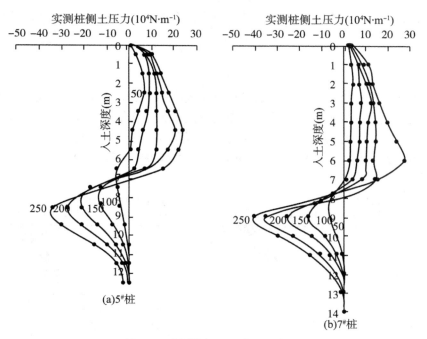

图 8-9　实测桩侧土压力 p 分布图

（$H_0 = 50\text{kN}$）下较小的桩顶变位 y_0 和残余变位来看，两试桩在岩土中嵌固比较严密，未出现桩管外壁与岩土间留有竣工时的空洞现象；③每级荷载下重复加载 5 次过程中，后 3 次的加载或卸载下桩顶变位都趋于稳定，甚至在重复加荷下 y_0 还有轻微的变小现象（如 7# 桩的 100kN、200kN 和 250kN 三级荷载），这可能是由于泥土层中上层砂砾土填塞卸载时留下的空洞所致。这一现象有利于工程的运行。

　　由图 8-10 两桩的 p–y 关系曲线知，其初始切线斜率随泥面以下深度基本上呈线性关系增长。上层土（入土深度为 0~3.0m）的 p–y 曲线基本上符合双曲线特征，随着入土深度的增加。p–y 曲线基本上呈线性规律，这说明在 3.0m 以下土处于弹性状态，其承载力还可以继续发挥或增大。由于桩管外径较大，这种 p–y 曲线随深度的变化规律受层间影响较大。也就是说，图中间隔为 1.0m 的相邻 p–y 曲线不可能具有独立性，层与层间的剪切力对 p–y 曲线产生影响，这与直径较小的细长桩的 p–y 曲线随深度变化的规律不同。

8.3.5　结论

　　上述分析了大直径柔性钢管嵌岩桩水平承载力现场试验成果，表明本工程的柔性靠船结构设计先进、施工良好、工程性能优异；同时也表明了这种大直径钢管桩的极限承载力完全由钢管材料的强度和抗弯能力所决定，而地基的岩土强度和变形性能完全满足

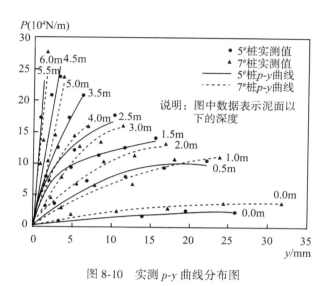

图 8-10 实测 *p-y* 曲线分布图

工程的安全要求，富裕度较大。

8.4 应 用 策 略

（1）嵌岩桩的成孔方法主要有两种，一种是机械钻孔法，另一种是人工开挖（爆破）法。本章试桩实例中这两种方法都采用了，它们各有其优缺点：机械钻孔法形成的岩面光滑整齐，但施工进度很慢。人工开挖（爆破）法形成的岩面不光整，在桩与岩面之间容易产生空洞，但施工进度很快。为此，建议在岩石较硬时，选用人工开挖（爆破）法；在岩石较软时，如风化岩层，选用机械钻孔法，即因地制宜为好。

（2）嵌岩桩的试桩粘贴电阻应变片和测试元件的安装工作宜在打桩定位后进行。上述试桩实例中，我们曾在打桩之前在地面布置安装好，后来打桩时全部被岩石划破或损坏。因此，只好在打桩定位后重新布置测试元件。其工作分为三步：第一步是将桩内水抽干；第二步是安装吊笼，并通过卷扬机控制上下运动；第三步是测试人员进入吊笼自下而上在桩内壁粘贴电阻应变片和测斜仪等。实践说明，打桩定位后安装测试元件行之有效。

171

第9章　基桩模型试验与试桩

9.1　概　　述

桩的模型试验是根据桩基的实际工作状态进行合理全面的构思，建立与原型具有相似性规律的模型，借助科学仪器和设备，人为地控制试验条件，研究桩基在某一或某些情况时的受力变形特性的试验。它在桩基工程技术的研究应用、设计以及施工阶段都占有重要地位，它不仅为桩基础的理论研究提供试验数据和试验论证，而且为工程设计提供依据进而指导工程实践。它所研究的问题大致可分为以下几个方面：

（1）桩基变形问题：桩基础承受上部结构荷载作用将发生变形，从而引起上部结构发生变位。若变形过大，会使上部结构发生破坏或影响其正常使用。

（2）桩基稳定性问题：桩基础承受的外部荷载过大，超过地基承载力或桩身承载力时，会发生地基或桩身破坏，或丧失稳定性。同时引起上部结构的破坏和失稳。

（3）桩基设计参数问题：对于桩基础而言，桩身尺寸、桩位布置及持力层等需选择得当，使桩基础不会发生破坏或引起过大变形。模型试验可为桩基设计提供依据，且可验证桩基设计的参数取值合理性。

（4）桩基施工中的问题：桩基础属于地下或水下的隐蔽工程，施工技术复杂，选择合适的施工方案需进行施工工艺试验。

在进行模拟试验前，应精心、系统地构思试验的原理，明确模型试验的目的和主要内容。模型试验和原型试验相比，具有其特点。比如在研究桩基础的一般性规律的试验研究中，需要进行不同条件下的多项试验，模型试验可在有限的人力、物力和时间内，有目的地控制试验条件进行多项试验，以满足要求。但是相对而言模型试验的尺寸一般较小，无法准确地反映桩周土层特别是深层土层在实际应力条件下的受力特性以及桩土相互作用。随着现代高科技的发展，产生了各种高精度测试仪器和模拟技术特别是离心模拟技术，使得模拟试验成为桩基础应用研究不可少的工具。本章主要介绍室内模型技术，现场小尺寸模型试验和离心模型试验。

9.2　模型试验相似律

模型试验的基本原则是使模型与原型具有全面相似性，即模型试验的相似律。它是将模型试验的各个物理量按一定的关系组合在一起，以全面代表实际原型。下面从几何相似和力学相似两个角度说明静力学中桩的模型试验相似律。

9.2.1 几何相似

几何相似指模型与原型在形状、大小即尺寸上的相似关系，以尺度模型比 m_L 表示。这关系到模型大小和试验的规模，所以尺度模型比是模型试验中最主要的一项模型比。

确定了尺度模型比后，其他物理量的模型比可用尺度模型比表示或由尺度模型比导出。

9.2.2 力学相似

力学相似主要有弹性相似、强度相似和应力相似三个方面。

1. 弹性相似

若模型材料和原型材料的弹性模量的模型比为：

$$m_E = \frac{E_M}{E_P} \tag{9-1}$$

时，下标 M 和 P 分别表示模型和原型。

则当模型试验材料与原型材料相同时，$m_E = 1$。在小变形和小位移的情况下，应力 σ、应变 ε 的模型比分别为：

$$m_\sigma = \frac{\sigma_M}{\sigma_P} = \frac{E_M}{E_P} = m_E = 1 \tag{9-2}$$

$$m_\varepsilon = \frac{\varepsilon_M}{\varepsilon_P} = 1 \tag{9-3}$$

这在材料相同时应变的模型比 $m_\varepsilon = 1$ 的条件下才能成立，若材料不同，则不能使用上式。

外加荷载 P 的模型比：

$$m_P = \frac{P_M}{P_P} = m_E \cdot m_L^2 \tag{9-4}$$

位移 W 的模型比：

$$m_W = \frac{W_M}{W_P} = m_L \tag{9-5}$$

惯矩 I 的模型比：

$$m_I = \frac{I_M}{I_P} = m_L^4 \tag{9-6}$$

2. 强度相似

模型试验假定试验各单元体的尺寸缩小或增大，在应力集度保持不变的前提下，它们的平衡条件不受影响，并且在破坏之前，应力与应变关系不因单元尺寸大小的变化而受影响，也与应力分量的梯度大小无关，因此在破坏之前，应力模型比 m_σ 由材料的抗压或抗拉强度极限决定。

173

$$m_\sigma = \frac{R_{CP}}{R_{TP}} = \frac{R_{CM}}{R_{TM}}, \frac{\varepsilon_{CP}}{\varepsilon_{TP}} = \frac{\varepsilon_{CM}}{\varepsilon_{TM}} \tag{9-7}$$

式中：R_{CP}、R_{CM}——原型材料和模型材料抗拉强度极限，相应的极限应变分别为 ε_{CP} 和 ε_{CM}；

R_{TP}、R_{TM}——原型材料和模型材料抗拉强度极限，相应的极限应变分别为 ε_{TP} 和 ε_{TM}。

3. 应力相似

材料的应力应变关系为：

$$\sigma_P = f(\varepsilon_P, \ x_P, \ y_P, \ z_P) \tag{9-8}$$

由应力相似，可得：

$$\sigma_M = m_\alpha f\left(\frac{\varepsilon_M}{m_\varepsilon}, \ \frac{x}{m_L}, \ \frac{y}{m_L}, \ \frac{z}{m_L}\right) \tag{9-9}$$

式中：ε_M——模型中应变；

m_ε——应变模型比。

当 $m_\varepsilon = 1$ 时，

$$\sigma_M = m_\alpha f\left(\varepsilon_M, \ \frac{x}{m_L}, \ \frac{y}{m_L}, \ \frac{z}{m_L}\right) \tag{9-10}$$

位移为：

$$W_M = m_L m_\varepsilon W_P = m_L W_P \tag{9-11}$$

9.2.3　地基土的力学性能相似

采用土的凝聚力 C 和内摩擦角 φ 为指标：

$$C_M = m_\sigma C_P, \quad \varphi_M = \varphi_P \tag{9-12}$$

9.2.4　荷载模型比

根据模型试验和原型试验的桩侧阻力和桩端阻力两项的相互关系，以及模型试验和原型试验采用相同地基土，可以得到垂直荷载的模型比 m_N：

黏性土：

$$m_N = m_L^2 \tag{9-13}$$

砂性土：

$$m_N = m_L^3 \tag{9-14}$$

水平荷载的模型比 m_H 的计算以弹性地基上长桩理论为依据：

$$m_H = \frac{H_M}{H_P} = \frac{v_{xM}}{v_{xP}} m_L \sqrt[5]{m_L m_E^2 m_m^3} \tag{9-15}$$

式中：v_x——桩顶位移系数。可根据模型桩和原型桩各自的 αL 值查仅受地面处的水平荷载时的有关表（见《建筑桩基础技术规范》（JGJ 94）

m_m——地基土比例系数模型比。若模型与原型的地基比例系数分别为 m_M

和 m_P，则模型比为：

$$m_m = \frac{m_M}{m_P} \tag{9-16}$$

9.3 模型试验设计

桩基的模型试验一般属于科学研究性试验。试验工作者应根据试验的目的和要求，分析、考察试验对象，研究有关的文献、资料，了解国内外有关的试验技术水平和试验情况。在此基础上，试验工作者拟订合理、切实可行的试验计划，做出试验设计。在明确实验目的的基础上，桩基模型试验设计一般包括以下三个方面：

9.3.1 模型桩设计

根据模型试验和原型试验的力学性能的相似关系，确定模型桩的材料、数量、直径长度、布置方式和桩身测试元件的埋设等。

目前，桩身测试元件采用较多的是电阻应变片。在模型桩的适当位置埋设电阻应变片，可以得到相应的桩身轴力、弯矩和剪力的变化情况。

在进行模型桩设计时，需考虑地基土的模拟方法和有关技术。若地基土介质为粒状材料如砂、砾砂等，实验前应确定其颗粒级配。若地基土介质为黏性土，需确定其密实度和固结情况。

9.3.2 荷载装置设计

荷载装置设计首先必须明确荷载类型：桩基承受的是动载还是静载，是水平荷载还是竖向荷载，或者是被动桩试验。

试验的加载装置因试验类型不同而不同。现场小尺寸模型试验可以采用堆载平台装置或锚桩反力装置施加竖向荷载。当室内模型试验所施加的荷载较小时，可采用砝码加载。

根据实验目的要求，规定荷载分级、每级加载量、加卸载速度和间歇时间，并确定变形的稳定标准。

9.3.3 试验观测设计

模型试验观测设计主要是确定观测项目、测点布置、仪器选择、观测方法等。设计中要做到观测时间和记录方式同加载程序密切配合，使观测结果不仅能得到试验数据还能检查和控制试验的过程。

1. 测点布置

模型试验观测主要作变形测定，如桩或土层的沉降、水位平移、应变、裂缝以及桩或承台的桩体变位等观测。

测点布置可按如下原则进行：

（1）在满足试验目的的前提下，测点宜少不宜多。这样不仅节省仪器设备、避免试验人员过多，而且能使试验工作重点突出，效率和质量都可提高；

（2）测点位置必须有代表性，如沉降、位移测点应分布在最大沉降和最大位移发生处，应变测点按要求布置在最大受力处或桩身中性轴上等；

（3）测点位置对试验观测应该是方便、安全的；

（4）测点观测应布置一些校核性测点。

2．观测仪具选择

选择观测仪器时，须先充分掌握其性能，根据实际情况选择使用既符合试验要求又简便的测量仪具，不可盲目采用高准确度，高灵敏度的精密仪具。

同时要求观测仪器型号、规格尽可能相同，种类尽量少。仪器的量程应充分考虑足够应用，以免在测试过程中调整。若有条件，尽量采用自动记录式仪具。

3．观测方法

试验观测方法与试验方案、加载程序有密切关系。在测定时应同时或基本上同时记录全部仪器的读数。若测点太多，最好分几组进行测读。

观测时间应严格按试验规定进行。

9.4　室内模型试验

由于室内试验场地的限制，桩的室内模型试验的尺度模型比较小，故又称为小比例模型试验。

9.4.1　模型箱或模型槽

室内模型试验需要一定规模的试验场地。常采用模型箱或模型槽装填供试验用的地基土介质。模型箱（或模型槽）的尺寸大小应使所设置的模型桩或桩基础同模型箱（槽）的侧壁和底部的距离满足内填的地基土介质为半无限体的条件。而对尺寸较大的试验桩或桩基础，采用较大直径的试验坑，如法国巴黎深基础试验站曾采用直径为6.4m，深为10.25m 的钢筋混凝土试坑，进行过直径为 320mm 的模型桩试验。

模型箱（槽）可用钢、钢筋混凝土制作。如用木料制作，其内壁宜用铁皮做衬护，以防止试验过程中内填的地基土介质含水量的变化。有时可在模型箱的一个侧面采用透明有机玻璃板作侧壁，在靠近玻璃板分层撒布不同颜色的粉末，铺成薄层，在试验时以观察地基土介质的变形情况。

9.4.2　加载装置

室内模型试验的加载一般较小，可采用砝码加载，通过滑轮变成水平拉力，预先测定滑轮的摩阻力以确定施加的拉力，或在拉力绳中间设置传感器、拉力计或弹簧秤测量正确的拉力；通过杠杆施加垂直荷载，加大砝码或调解杠杆的力臂以获得需要的加载量。

加载量根据试验的模型荷载比确定，照原型试验的加载分级施加。或根据具体情况确定适当的加载速率。

9.4.3 模型的制作

1. 地基土的模拟

模型箱（槽）内装填的地基土介质应根据原型场地的土质或需探讨研究的土类选用适当的砂性土或黏性土，或其分层组合。若用砂性土，测定并绘制其粒径曲线和细度模数，使其尽可能与原型场地土的粒径曲线相似；若为黏性土，尽可能采用原型场地土，使其重塑后与原型具有相同的含水量和固结度。

模型试验的地基土介质也可采用钢粒屑如合成金刚砂，以模拟砾砂、卵石等原型土质的试验。

地基土介质应分层填入模型箱（槽）或试验坑内，用振捣器压实并控制其密实度，使与原型场地土相同。这就可以在压实后取土样测定其主要物理力学参数，并与原型比较。对较大的试验坑，可用触探器或十字板剪力仪测定模型地基土介质的密实度和抗剪强度。

2. 模型桩的模拟

对较大的模型桩与原型相同标高的钢筋混凝土桩或钢桩。当模型桩较小时，可采用有机玻璃、人造树脂、铝管、钢管或铜棒等材料作模型桩，它们的弹性模量的参考值如下：

有机玻璃：$E = 2.7 \times 10^3 \text{MPa}$；

钢管：$E = 2.1 \times 10^5 \text{MPa}$；

橡胶：$E = 17.5 \text{MPa}$。

当桩的材质的弹性模量不确定时，应事先进行测定，求得其应变应力关系。

模型桩外面按一定的测点间距贴电阻片以测定桩身应变。若模型桩为管材时，可将管材沿纵向剖为两半，在其内壁贴电阻片，然后将管材黏合还原，以此更好地保护测试元件。

当进行桩架或群桩基础试验时，照原型桩架或群桩基础将模型桩与承台板或盖梁联结起来。桩身材料为金属材料可焊接成刚固联结；若为有机玻璃，可采用黏合办法联结。

9.5 现场模型试验

现场小桩模型试验与室内试验相比，模型尺度比较大，因此又叫大比例模型试验。因模型试验是直接在原场地上进行的，在相似性方面同原型桩比较接近，可获得较为接近的结果。但现场模型试验的工作量和费用比室内模型试验大，而同原型试验相比仍较为经济。

在进行现场模型试验设计时，应全面地考虑原场地的地质情况。根据实验目的、土层分布以及土层的物理力学指标，进行模型桩的设计和桩端持力层的选择。模型桩的材料根据具体情况可采用钢筋混凝土、钢棒（管）或铝棒（管）。同时完整地记录模型桩的制作和安装情况。测试元件根据模型桩所采用的材料可埋设在管内或钢筋上。现场模型试验的成桩到试验的间歇时间可参考现场原型试验的有关规定或规范。

9.6　离心模型试验

离心模型试验的最早设想是菲利普（E. Philips）在 1869 年研究横跨英吉利海峡大型钢桥时提出的，他设想在小尺寸模型上施加惯性力以满足重力相似，但未能实现。20 世纪 30 年代初期，美国的布基（P. B. Bucky）和苏联的波克洛夫斯基分别独立地对矿山结构和土坡稳定性进行了离心试验，开创了应用离心模拟技术的历史。我国土工离心模型试验是从 20 世纪 80 年代开始的。至今，离心模拟技术已广泛地运用到许多工程领域，研究课题十分广泛。下面简要介绍离心模型试验的相似性和主要设备。

9.6.1　离心模型试验的相似性

离心模型试验是用离心惯性力场模拟原型重力场，使处于离心惯性力场中的模型与处于重力场中的原型具有相同的物理力学效应，从而满足常规静态模型试验不可能实现的模型定律，观测到的应力、变形与原型相对应，为工程设计提供更直观的参考资料。

建立离心模型试验应遵循如下原则：模型与原型材料，即两种材料的物理力学性质、应力-应变关系相同，应力水平相同，即要求两者具有工程性状一致的条件。

根据上述假定原则，离心模型与原型对应点处的自重应力相等，即

$$\rho_m g_m l_m = \rho_p g_p l_p \tag{9-17}$$

式中：m、p ——模型和原型；

　　　ρ——材料密度；

　　　g ——重力加速度；

　　　l ——考察点土层厚度。

若模型与原型材料相同，$\rho_m = \rho_p$，故称

$$\lambda = \frac{g_m}{g_p} = \frac{l_p}{l_m} \tag{9-18}$$

为加速度量纲比尺。

从上述结论看，模型尺寸与原型尺寸减小 λ 倍，则作用在模型上的体积力需相应增加 λ 倍。由此可以导出其他物理量的相似比例关系，见表 9-1。

表 9-1　　　　　　　　　　离心模型试验常用物理量的相似比例关系

物理量	原型	离心模型	物理量	原型	离心模型
长度	—	1	位移	—	1

续表

物理量	原型	离心模型	物理量		原型	离心模型
面积	—	1	密度		—	1
体积	—	1	能量密度		—	1
速度	—	1	荷载频率		—	λ
加速度	—	λ	时间	惯性效应	—	1
质量、能量	—	1		液体流、扩散现象	—	1
力	—	1		蠕变、黏滞流现象	—	1
应力（强度、压力）	—	1	土中水流	液流速度、渗透性	—	1
应变	—	1		渗流量、毛细管水升高	—	λ

因此，进行离心模型试验可按下列两种方法设计：一为不同比例尺寸的离心模型试验；二为同一比例尺寸不同加速度离心模型试验。

9.6.2 离心模型试验主要装备

1. 试验装备

离心试验的基本机械设备主要包括离心机、加速转臂和模型试验箱。

1）离心机

离心机是试验的基本设备。它由配置液压泵的发动机和转动系统组成，通过转动系统快速旋转能使加速转臂端部负荷达到数百吨力。离心机的性能常用下列指标表征：

最大加速度：最大加速度与离心加速度转臂有效长度和最大转速有关：

$$g_{\max} = \gamma \omega_{\max}^2 \qquad (9\text{-}19)$$

式中：$g_{\max}$——模型质心处所承受的最大加速度；

γ——加速度转臂的有效长度，即模型质心到主轴中心距离；

$\omega_{\max}$——离心机的最大转速。

最大容量：表征离心机运转时的最大有效装载能力，以 g·kN 表示。

2）加速转臂

加速转臂的长度是表征离心机性能的重要指标，同时也是离心试验的一个重要组成部分。转臂的一个端部用于联结挂斗，用于放置试验箱和安装试验配件，另一边用于放置平衡装置。挂斗分为固定式和悬摆式两种，由于悬摆式挂斗在离心机开动后随着离心力的增大而摆起，使离心力场能有效地作用于模型上，故目前的离心机采用悬摆式挂斗较多。

3）模型箱

模型箱是放置模型的容器，按试验要求可做成适合于三维、轴对称和平面应变模型之用的型式，在其侧面可安装透明有机玻璃，可观察试验过程中的模型变形，但模型箱尺寸需与挂斗相符。

2. 模型的制备

模型的制备视离心试验研究性质的不同而不同：对于探讨一般规律的理论问题，要求模型试样具有典型代表性，且重复性好，材料多经重塑和级配后制成；对于实际工程问题，根据相似性应从现场取样制备，利用离心机进行预固结，使其在一定程度上恢复初始应力状态。对于黏土试样，应使预固结后的重度、含水量、孔隙比接近于原型的指标；对于砂土，主要控制级配和密实度。

3. 数据的采集及其特点

试验数据的采集直接关系到试验的成败。为此要求试验中采集到的数据可靠，具有相应的精度，能做定性分析甚至需要时做定量分析的依据。现代电子技术和计算机技术的快速发展，为离心模型试验的数据采集提供了有效手段，促进了离心模拟技术的发展和应用。

目前试验数据采集方法主要有两种：电测法和光测法。

1）电测法

电测法是试验数据采集最常用的方法，它是通过相应传感器感应，将试验中所需测试物理量的改变量转变为电流的变化量，经放大器放大后输入记录仪器，最后经过数学处理还原为试验所测物理量的数据。岩土工程中常用的传感器有土压力、孔隙水压力、位移、应变加速度传感器等，应用计算机进行试验数据的采集和处理将传感器输出的模拟信号经 A/D 转换器变为数字信号并进行传输，提高了抗干扰的能力，克服了通路上电信号集流环接触电阻而带进的噪声干扰，有利于提高测量精度。

2）光测法

光测法有频闪摄影、调整摄影和闭路电视。闭路电视的摄像机将模型表面的光信号转换为视频信号，经集流环输出给影视机和磁带录像机，可在监视器荧光屏上对模型变形状态做实时观察，并可记录在磁带上。

离心模型试验的规模受离心机容量的限制。对于较大的结构，可以进行分区模拟，分区边界必须处理以满足相应的协调条件。此外，在作定性分析时，要考虑离心惯性场分布于重力场不一样，前者的大小随回转半径的增大而增加，且方向呈径向辐射状，而重力场分布均匀，大小相同。而且离心模拟技术对土的应力历史、应力路径等模拟还存在很大困难，有待于进一步研究。

9.7　实例：小直径钢管桩室内模拟试验

9.7.1　试验目的

通过小直径钢管桩的打入性能的动测模拟室内试验，针对桩尖土质不同、桩帽不同、施工方式不同以及土阻力的改变，探讨这些因素对动测成果的影响以及桩身应力波形特征的相应关系，为在现场动测试桩迅速作出定性分析和正确的评估提供参考依据。

9.7.2　试坑、试桩与桩帽

室内试验在长方形试坑内进行，试坑面积为 1.5m×1.7m，深度为 1.7m。试坑底部为硬黏土，其含水量 ω 为 15%，液性指数 $I_L = 0.25$。试坑内填满匀质的砂，其比重 $G_s = 2.64$，平均相对密度 $D_r = 0.43$。试坑内两侧为混凝土墙，另外两侧为与基土相同的硬黏土。

试验所用砂料是一般建筑用砂，经过筛分后分层击实填入试坑，为便于比较打入阻力，试验过程中改变了桩尖土质，因而设置两组试验方案，每组打入 5 根试桩。

第 I 组方案：打入顺序采用先中央后四周，且坑底铺有 50mm 厚的混凝土板，用来模拟卵石或岩石层。

第 II 组方案：打入顺序采用先四周后中央，移去坑底的混凝土板，如图 9-1 所示。

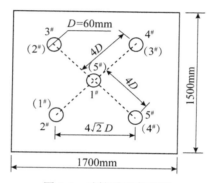

图 9-1　试桩平面布置图

在实施第 I 组方案之前，还加测了如下内容：

（1）不填砂，将试桩直接置于底部的混凝土板上，落锤击打，记录动应力；

（2）坑内填 68cm 厚的砂，桩仍置于砂坑底部混凝土板上，进行与（1）项相同的试验；

（3）坑内填 150cm 厚的砂，进行与（2）项相同的试验。

在第 I 组方案试验完毕后，将砂取出，经处理后并采用上述同样方法再填入试坑。

试桩为小直径钢管桩，其外径为 60mm，壁厚为 4mm，桩长为 1600mm。每根桩沿桩长对称布置两条测线，5 个断面共 10 个应力测点，如图 9-2 所示。为比较不同桩帽的性能特点，第 II 组打入 5 根试桩，每根试桩采用各不相同的桩帽（松木桩帽、碟簧桩帽和不带桩帽），在桩帽与桩之间还牢固地焊接了一个应变式力传感器。试桩施打采用自行设计并制造的简易自由落体式小型打桩机，其锤重 500N，最大落高 2.5m。

打桩过程中，每击打一次，量出桩、土在回弹稳定后的桩的贯入度及桩的累计入土深度。

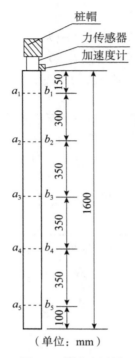

（单位：mm）

图 9-2　测点布置图

9.7.3　动测技术

室内试验在打桩过程中测量了桩身动应力和桩顶加速度。

试验的应力测量均采用 3mm×5mm 纸基应变片，为保证测量的成功，对应变片和导线采取了严格的防水防潮措施。

据应变测量原理，沿桩轴向布置应变片，沿环向布置温度补偿片。这种互为补偿效果较好。由于在锤击过程中，桩身主要承受轴力作用，各测点处于单向应力状态，应力与应变成直线关系，因此应变波和应力波是一致的。

桩身应力波经 YD-15 或 Y6D-3A 动态应变仪放大，由 SC-16 或 SC-18 型光线示波器及 XR-510C（美国）磁带数据记录器记录。

9.7.4　试验成果与分析

由光线示波器记录下来的桩身各测点的动应力随时间变化的过程线，即应力波形是试验的直接成果。图 9-3 为室内试验所得的不同桩帽情况下的桩身应力波形。

图 9-4 和图 9-5 为打入阻力与桩入土深度的关系曲线。必须说明，在该曲线的上部出现了阻力较大现象，是因为正式打桩之前，意外掉锤使砂层夯实所致。

（1）图 9-4 说明，在锤击能量不变时，若 R_1，R_2，R_3 为桩在任意贯入度时对应的

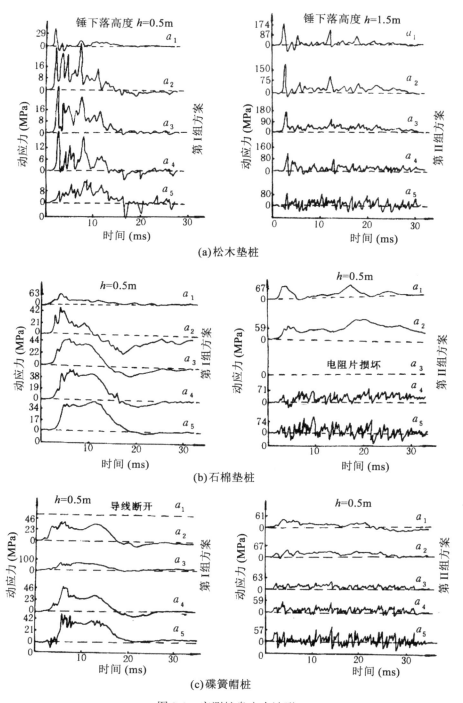

(a)松木垫桩

(b)石棉垫桩

(c)碟簧帽桩

图 9-3 实测桩身应力波形

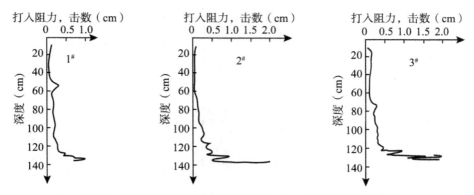

图9-4 坑底有混凝土板时打入阻力与桩入土深度的关系曲线

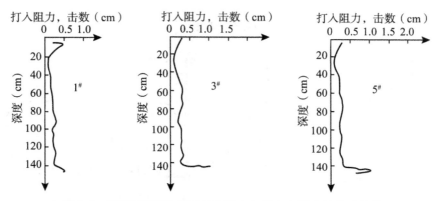

图9-5 坑底无混凝土板时打入阻力与桩入土深度的关系曲线

$1^\#$，$2^\#$，$3^\#$桩的打入阻力，则$R_1 < R_2 < R_3$。显然，邻桩的存在对后继打入的桩贯入阻力明显增大。在实施第 I 组方案时，由于桩将底部混凝土板冲穿，打入阻力与桩入土深度的关系曲线有异常反应，故图形未绘出。

（2）图9-5说明，坑底无混凝土板情况下桩在穿过砂层而进入坑底黏土层时，贯入阻力骤然减小。这反映了桩尖的不同土质的静阻力。

（3）比较图9-4和图9-5则说明，在桩尖接近混凝土板时，其打入阻力比触到坑底软层时要大得多；按照先后打入的顺序，后打入桩比先打入桩的打入阻力大。

室内试验还表明，在坑底有或无混凝土板的情况下，当以桩贯入深度接近混凝土板时桩的锤击数做比较时，有混凝土板情况下的锤击数稍多，且这种增加集中在桩接近混凝土板时。比较"先中央后四周"与"先四周后中央"两种顺序下桩的贯入阻力，发现中央桩的锤击数在两种情况下相差不大。由于"先四周后中央"的施工顺序，使得先打入的四周桩加强了土的动弹模，对最后打入的中央桩起着"遮拦作用"，尽管底部不藏混凝土板，但由于坑底软土层减小的打入阻力被这种因施工顺序而增加的打入阻力所补偿，故使中央桩在坑底有或无混凝土板的情况下的打入阻力相差不大。

为便于分析土对桩的作用，将试坑内填砂深度不同时桩顶应力波对比画在图 9-6 中。在图 9-6 中的三种情况下，桩尖均直接置于混凝土板上。据该图则知，坑内无砂时，在第一压应力峰值后，应力很快减小，而当从桩尖反射回来的压应力波到达桩顶时，压应力升上最高值，此后，由于桩顶自由，压应力波在桩顶以拉应力波反射，应力再次降到更低值，如此反复。在应力波传播、反射的全过程中，由于桩尖只传递压力，且这时波在桩中传播不受土阻力的影响，故波形起伏大，产生的波长也较长。如图 9-6（a）所示。

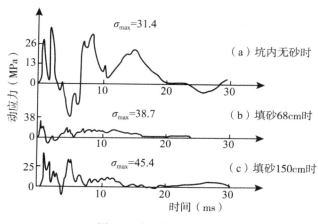

图 9-6　桩顶应力波对比

随着坑内填砂深度的增加(图 9-6(b)、(c))，越来越多的土参与振动，土对桩的阻尼增大，波长变小。也由于波在传播途中受到桩土交界面上土阻力的作用，抑制了拉应力大幅度增长。初始波与反射波峰之间不再有大幅度的振动发生。

此外，从图 9-6 中还可以清楚地看到，桩顶应力随着填砂深度的增加而增大，填砂愈深，桩顶应力愈大。由此可见土对桩的阻力之大。

除了上述情况之外，不同桩帽对应力波也具有明显影响。由图 9-3 可知，松木垫层的桩身应力波主峰的幅值高，作用时间短，波形凌乱且频率高。石棉垫层和碟簧桩帽的桩身应力波主峰的峰值较低，作用时间延长且波形光滑又清晰。特别是碟簧桩帽的应力波作用时间最长，拉应力波也较小，对桩身应力的改善具有明显的效果。它不仅能够很好地保护桩头，而且能够提高施工效率。

9.7.5　结论

桩尖土质、桩帽、施工方式以及土阻力的改变等，均对桩身应力波具有明显的影响。

当桩尖土质较硬时，应力波形与基线构成梯形状，在第一压应力峰值后一般不产生拉应力，短桩尤其如此。当桩尖土质较软时，应力波形波动频率较高，呈细碎状；同时在桩顶或桩身中部以上，在第一压应力峰值后可能产生拉应力，桩尖处的应力幅值比桩顶处小得多。此外，当桩随着填砂深度增加时，土对桩的阻尼增大，波长变小，而且桩顶应力也明显增大，初始波与反射波峰之间大幅度的振动也明显减小。

桩尖土质及入土深度对桩的打入阻力也具有重要影响。当桩尖接近混凝土板时，其打入阻力比触到软层时要大得多。当桩尖穿过砂层而进入黏土层时，打入阻力骤然减小。当群桩打入时，按照先后打入的顺序，后打入桩的打入阻力总比先打入桩的阻力大。

按照"先四周后中央"的打桩顺序，围桩群会发生"遮拦作用"和"加强作用"，且增加动力作用下桩周土的弹性模量使得中央桩沉入困难，并导致桩身较大的应力。

利用本文应力波的各种反应特点，在现场不仅有助于定性地判释桩尖土质的软、硬，桩身阻力的大、小及桩帽（垫）的应用性能优、劣，而且有利于对打入桩进行施工控制，以及施工设备和参数的选择。

9.8 应用策略

（1）桩的模型试验比结构模型试验更复杂，特别是模型土要满足相似准则。除了土的颗粒和孔隙要按比例缩小之外，它还要求弹性模量、黏聚力和内摩擦角满足相似准则，同时模型土与模型桩之间的摩擦系数要等于原型土与桩的摩擦系数。这三个条件十分苛刻，要想找到这样的模型材料几乎不可能。目前，有学者采用重晶石粉、粉煤灰、铁粉、高岭土、红粉砂、黏土、机油及水配制成人工模型土，这种方法实在有点牵强，不能令人信服。这样说，桩的模型试验是不是不能进行呢？不，可以。模型材料选用与原型相同的材料，这样就避免了以上问题。在结构模型试验中，模型材料与原型材料相同的模型试验常常可见。以上的试桩实例就是很好的例子。

（2）前已述及，当测点位置的绝缘度不满足要求时，可采用二次粘贴的方法。即先将电阻应变片粘贴在薄铜片上，然后再将薄铜片粘贴在钢桩上。这种方法是否对测量结果有影响？为了回答这个问题，本书编者进行了专门的研究。试件定为两组，每组试件的长度均为300mm，宽度为40mm，厚度为12mm。在每组试件上粘贴电阻应变片4个，其中两个通过薄铜片粘贴，另外两个直接粘贴在试件上，以便对比，如图9-7所示。

试件材料为16锰钢，通过油压拉伸试验机施加荷载，初级荷载为40kN，每级增加荷载为10kN，终级荷载为80kN。试件应变值通过YJ-5型静态应变仪测读，第1组试件试验实测值列入表9-2。

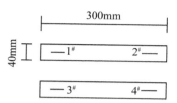

A 面：$1^{\#}$和 $2^{\#}$；B 面：$3^{\#}$和 $4^{\#}$。其中 $1^{\#}$和 $4^{\#}$粘贴在薄铜片上。

图 9-7　试件测点布置示意图

表 9-2　　　　　　　**第 1 组试件拉力试验实测应变值**（单位：$\mu\varepsilon$）　　　　　　　室温 12℃

测点	荷载（kN）					增量均值
	40	50	60	70	80	
$1^{\#}$	297.0	393.0	497.0	605.0	706.5	
增量		96.0	104.0	108.0	101.5	$\Delta = 102.38$
$2^{\#}$	315.0	413.5	521.5	627.0	728.5	
增量		98.5	108.0	105.5	101.5	$\Delta = 103.38$
$3^{\#}$	556.0	666.0	765.5	863.0	960.0	
增量		111.0	99.5	97.5	97.0	$\Delta = 101.0$
$4^{\#}$	523.0	628.0	727.0	825.0	920.0	
增量		105.0	99.0	98.0	95.0	$\Delta = 99.25$

　　测点 $1^{\#}$和 $4^{\#}$的增量平均值为 $100.8\mu\varepsilon$；测点 $2^{\#}$和 $3^{\#}$的增量平均值为 $102.2\mu\varepsilon$；二者相差 $1.4\mu\varepsilon$。

　　从表 9-2 可知，粘贴在薄铜片上实测应变值与直接粘贴在钢桩上的实测应变值很接近，二者相差仅 $1.4\mu\varepsilon$。第 2 组试件试验实测值与第 1 组实测值相同。由此可见，采用二次粘贴的方法对测量结果影响很小。

参 考 文 献

［1］ Li Yun Zhou, Jian Bin Chen. On construction control and pile body tensile stresses distribution pattern during driving ［J］. Journal of Geotechnical & Geoenvironmental Engineering, 2013, 133 （9）: 1102-1109.

［2］ Li Yun Zhou, Jian Bin Chen, Wei Kang Lao. Study on the elastic modulus and recovery coefficient of cushioning materials in pile driving ［J］. Journal of Materials in Civil Engineering, 2007, 19 （4）: 313-320.

［3］ 陈建斌，王艳丽，周立运. 土木工程——科技论文进入 SCI 全攻略 ［M］. 武汉: 武汉大学出版社，2013.

［4］ Li Yun Zhou, Jian Bin Chen. Mechanical principles of a new two-way composite disk spring cap for pile driving ［J］. Journal of Testing & Evaluation, 2006, 34 （4）: 368-372.

［5］ Li Yun Zhou, Wei Kang Lao. Studying of the dynamic behavior of pile cushioning materials in pile driving ［J］. Journal of Testing & Evaluation, 2006, 34 （5）: 447.

［6］ 周立运，李普安. 桩基动测试验的应力波与打入阻力分析 ［J］. 岩土工程学报，1991, 13 （4）: 1-11.

［7］ 周立运，李普安. 新型碟簧桩帽的研制及其工程应用 ［J］. 岩土工程学报，1994, 16 （4）: 47-55.

［8］ Li Yun Zhou, Xun Zhou. Proper Selection of the stiffness of the disk spring pile cap in pile driving ［J］. Journal of Testing & Evaluation, 2001, 29 （2）: 208-213.

［9］ Li Yun Zhou, et al. On the recovery coefficient and parameter selection for a new type of disk spring pile cap ［J］. Journal of Testing & Evaluation, 2001, 29 （6）: 582-587.

［10］ 史佩栋. 桩基工程手册 ［M］. 北京: 人民交通出版社，2008.

［11］ 宰金珉，宰金璋. 高层建筑基础分析与设计 ［M］. 北京: 中国建筑工业出版社，1993.

［12］ 宰金珉. 复合桩基理论与应用 ［M］. 北京: 知识产权出版社，2004.

［13］ 宰金珉，周峰，梅国雄，等. 自适应调节下广义复合基础设计方法与工程实践 ［J］. 岩土工程学报，2008, 30 （1）: 93-99.

［14］ F Zhou, C Lin, F Zhang, et al. Design and field monitoring of piled raft foundations with deformation adjustors ［J］. Journal of Performance of Constructed Facilities, 2016, 30 （6）: 04016057.

［15］ 周峰，屈伟，郭天祥，等．基于沉降控制的端承型复合桩基工程实践［J］．岩石力学与工程学报，2015（5）：1071-1079．

［16］ 周峰，朱锐，郭天祥，等．可控刚度桩筏基础桩土共同作用的工程实践［J］．岩石力学与工程学报，2017，36（12）：3075-3084．

［17］ 周峰，宰金珉，梅国雄，等．桩土变形调节装置的研制与应用［J］．建筑结构，2009，39（7）：40-42，59．

［18］ F Zhou, C Lin, X D Wang, et al. Application of deformation adjustors in piled raft foundations［J］. Geotechnical Engineering, 2016, 169（6）：1-14.

［19］ 周峰．可控刚度桩筏基础设计理论及应用研究［M］．北京：中国建筑工业出版社，2016．

［20］ 周立运，葛玲，陈恭才，等．大型碟簧桩帽的结构动力计算及其沉桩机理研究［J］．岩土工程学报，1998，20（3）：70-74．

［21］ 周立运，陈恭才，甘良绪．关于"利用桩顶加速度分析打桩时桩端土的静阻力"的讨论［J］．岩土工程学报，1998，20（4）：119-120．

［22］ 周立运，李普安，胡振忠．碟簧桩帽组合刚度与桩的刚度合理匹配研究［J］．建筑结构学报，1997，18（3）：58-65．

［23］ 周立运．关于"地震时饱和砂土地基中管线上浮机理及抗震措施试验研究"的讨论［J］．岩土工程学报，2002，24（6）：799．

［24］ 周立运．关于"挤扩支盘桩的荷载传递规律及 FEM 模拟研究"的讨论［J］．岩土工程学报，2003，25（1）：122．

［25］ 周立运．关于"后注浆钻孔灌注桩承载性状试验研究"的讨论［J］．岩土工程学报，2003，25（3）：384-385．

［26］ 周立运．关于"水泥土桩长等对承载力及模量影响的定量分析"的讨论［J］．岩土工程学报，2004，26（2）：301．

［27］ 周立运．关于"刚性桩复合地基在水平荷载作用下工作性状的模型试验"的讨论［J］．岩土工程学报，2005，27（12）：1497-1498．

［28］ 周立运．关于"桩基础安全度控制的若干问题"的讨论［J］．岩土工程学报，2006，28（6）：804．

［29］ 周立运，甘良绪．大直径预应力钢筋混凝土管桩振动立制新方法与沉桩新工艺［J］．水运工程，1998（7）：43-45．

［30］ 周立运，甘良绪．关于碟簧桩帽的参数选择［J］．中国港湾建设，1998（5）：11-14．

［31］ 周立运，甘良绪，胡振忠．预应力双向组合式碟簧桩帽的动力分析与实测验证［J］．工业建筑，1999，29（3）：44-48．

［32］ 周立运，李普安，徐通元．打桩垫层对桩身应力的影响模型试验研究［J］．武汉水利电力学院学报，1991，24（4）：484-488．

［33］ 周立运，李普安．碟簧桩帽与松木替打对比试验研究［J］．建筑技术开发，1993，

20（3）：11-14.

［34］周立运，李普安. 武汉港外贸码头钢管桩动力和静力现场测试和分析［J］. 水运工程，1993（1）：12-17.

［35］周立运，李普安，徐通元. 打桩垫层和碟簧桩帽的应用效果室内试验研究［J］. 水运工程，1992，12（9）：37-42.

［36］周立运，李普安. 大型预应力双向组合式碟簧桩帽的现场沉桩试验与研究［J］. 建筑技术开发，1995，22（5）：8-12.

［37］周立运，胡振忠，李普安. 碟簧桩帽的恢复系数与打桩参数选择［J］. 建筑科学，1998，14（1）：38-42.

［38］沈慧容，于志淳，唐念慈. 新型打桩垫层材料的室内静力试验研究［J］. 岩土工程学报，1986，8（2）：13-23.

［39］钱家欢，殷宗泽. 土工原理与计算［M］. 中国水利水电出版社，1996.

［40］佐·米·伏龙科夫，吕茂烈. 理论力学［M］. 中国水利水电出版社，1958.

［41］陈建斌，周立运，鲍僇. 桩周土阻尼系数的研究［J］. 武汉大学学报（工学版），2003，36（1）：73-76.

［42］陈建斌，周立运. 桩帽中碟形弹簧组合形式的研究［M］. 全国第三届现代建筑结构技术学术研讨会论文集. 陕西：陕西人民教育出版社，2002.

［43］周立运，孟吉复，杨国平，等. 基础施工打桩对邻近高耸烟囱的振动影响［J］. 振动与动态测试，1987（1）：26-30.

［44］周立运. 打桩过程中桩身应力波的测试与分析［J］. 水利电力科技，1989（3）：16-21.